白熱日本酒教室

増補改訂版

杉村啓

絵　アザミユウコ

星海社

309

SEIKAISHA SHINSHO

増補改訂版まえがき

本書は２０１４年11月に発行された『白熱日本酒教室』の増補改訂版です。この10年で、日本酒は大きく進化しました。初版を書いた当時でも日本酒は世界一面白く、多彩なお酒と思っていましたが、10年経ってその考えは間違えていなかったと思います。

具体的には、しっかりした理論と技術を持ち、それでいてチャレンジ精神に満ちあふれた若手の醸造家（じょうぞうか）がたくさん誕生したのです。それにより、酒質の向上だけでなく、新しい発想のお酒が次々と現れ、一気に多彩な世界が広がっていきました。10年前にはクラフトサケ（十二時間目で詳しくお話しします）が登場するとは思いも寄りませんでした。

また、料理とお酒を合わせる「ペアリング」も一気に広まりました。今や、日本酒の専門店でペアリングをまったく意識していないお店はないと思います。

ただし、いいことばかりではありませんでした。２０２０年からのコロナ禍によって、お酒は「悪者」にされてしまったのです。さらに、コロナ禍で人が集まることが禁止された結果、多くの人、特に若者がお酒を飲む機会や、新たなお酒と出会う機会が激減してしまいました。改訂版を書いている2024年ではお店でお酒を飲むことは禁止されていませんが、屋外型のイベントが増えるなど、未だに影響は感じられます。

そういった時代背景を踏まえて、新たに『白熱日本酒教室』を書き直すことにしました。基本的なコンセプトである「すべての日本酒に共通する汎用性の高い知識を紹介することで、有名なブランドとか組み合わせを覚えなくても、居酒屋のメニューから飲みたい日本酒が選べるようになる」ことは変えておりません。その上で、修正が必要な部分は修正し、時代に即した加筆をしています。その分、分厚くなってしまいましたが、網羅的に日本酒を学ぶのに最適な一冊になったのではないかと考えております。あ、語呂の問題で、初版では「むむ教授」だったのですが「むむ先生」にしました。

もちろん、初版を読んでいないと意味が通じないということはありません。本書から読んでも大丈夫です。本書が、みなさまの日本酒ライフならびに、日本酒選びのお役に立てれば、これほど嬉しいことはありません。

2024年7月　杉村啓

1章 オリエンテーション

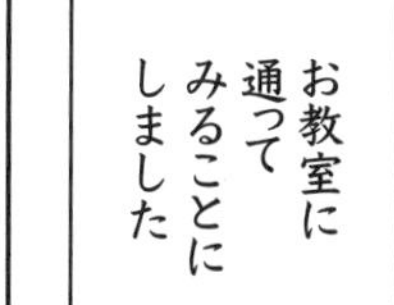

こんな経験はありませんか？

あるある！
全部
あります！
わからなすぎて
日本酒の注文を
あきらめたことも
あるんです!!!

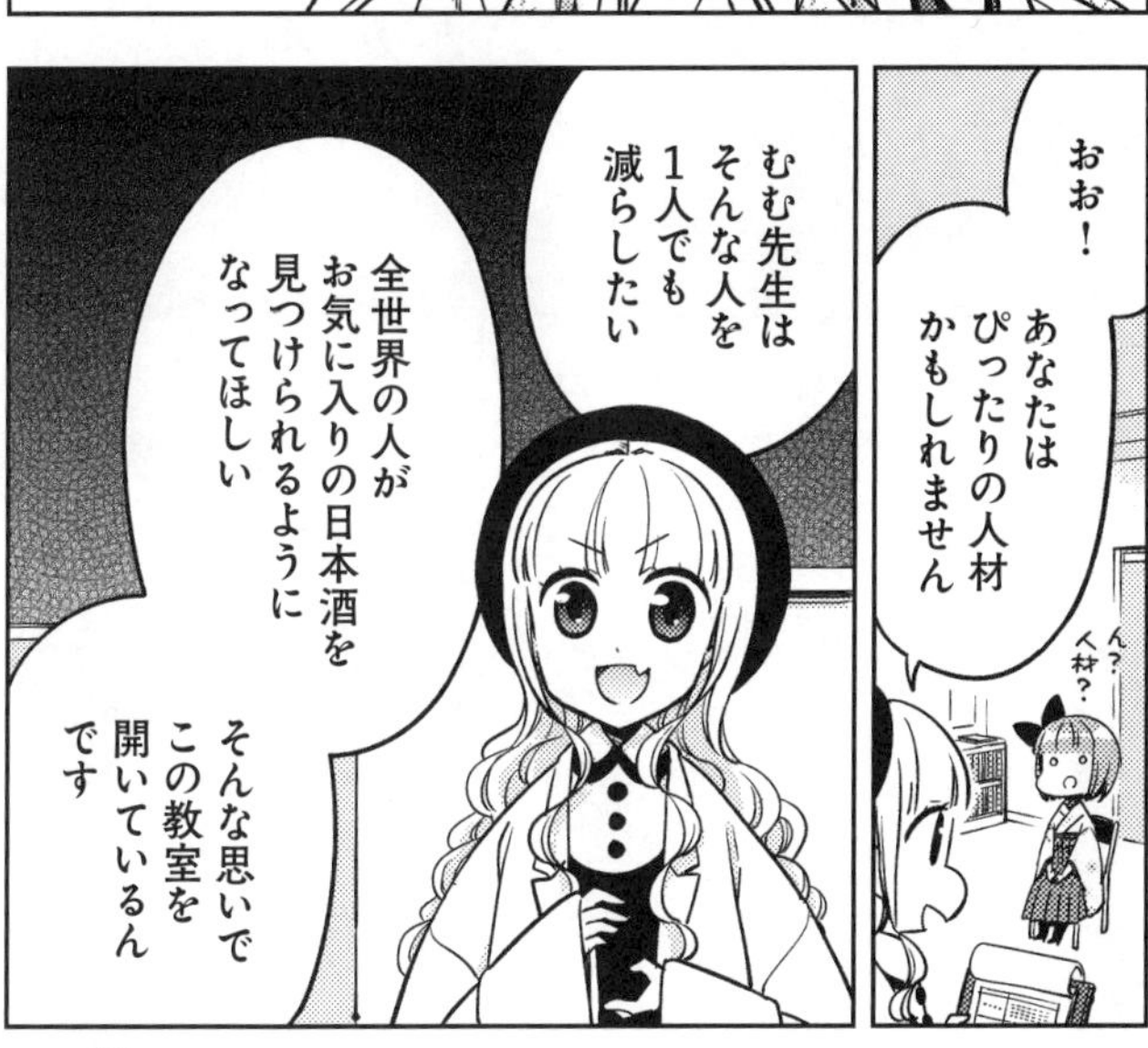
おお！
あなたは
ぴったりの人材
かもしれません
ん？
人材？
むむ先生は
そんな人を
1人でも
減らしたい
全世界の人が
お気に入りの日本酒を
見つけられるように
なってほしい
そんな思いで
この教室を
開いているん
です

何を学んだら
できるように
なり
ますか？
いい質問
ですね！
こちらを
見てください

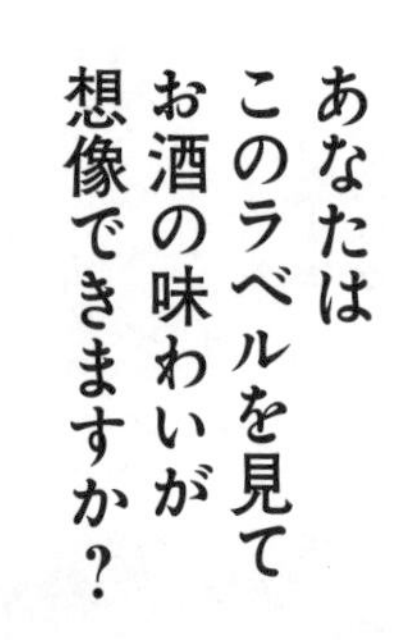

純米吟醸 無濾過生原酒 星乃海

純米吟醸無濾過生原酒『星乃海』は、瀬戸内海に面した星空の綺麗な地で醸されました。しっかりとした味わいながらも後味のキレがよく、食事の邪魔になりません。若き杜氏が、次世代を担うこれからの人に飲んで欲しいという思いを込めて造ったお酒です。是非、さまざまな料理と一緒に味わってください。

原料米	山田錦 100%
原材料名	米・米麹
アルコール分	17度
精米歩合	60%
日本酒度	+2
酸度	1.2
アミノ酸度	1.0
酵母	非公開

日本酒 720ml詰 製造年月 2024.12

次世代酒造株式会社

広島県呉市星海通 1-17-14 http://ji-sedai.jp/

未成年者の飲酒は法律で禁じられています

未成年者の飲酒は禁じられています
アルコール分十七度　精米歩合六〇％
原材料名：米・米麹
純米吟醸
無濾過生原酒
星乃海
広島県呉市星海通一－十七－十四
次世代酒造株式会社
次世代酒造
日本酒 720ml詰 製造年月2024.12
？

そんな
飲んでみないと
味なんかわかるわけ
ないじゃないですか
またまた～
フッフ
実は
飲まなくても
知識があれば
だいたい想像
できるんです
例外もありますけど
すごい!
そうなんですか!?

ラベルを
読み解く知識を
身につけると
好みのお酒を
見つけやすく
なって
これは好きな予感!
好きな味わいの
説明も
できるように
なりますよ!
なりたい
です!

それでは
面白くて楽しい
日本酒の世界へ
行って
みましょう!
君
今日から
わたしの助手と
いうことで
ささっ

今、日本酒が面白い！　日本酒でお酒を覚えよう！

ようこそ白熱日本酒教室へ！　私が講義を担当する、日本酒のことなら何でもおまかせな「むむ先生」です。この講義では、全十九時間にわたって日本酒を学び、最終的には「自分好みの日本酒を注文できるようになる」ことを目標としています。興味はあるけれども日本酒がよくわからない。好きだけれども何となく飲んでいるので詳しいことはあまりよくわかっていない。芸能人や推しがよく飲んでいるので自分も飲んでみたいけれども、何となくとっつきにくいイメージがある。そういう日本酒初心者や入門者に向けての講義です。一緒に日本酒を学んでいきましょう。

中には、いやいや普通にお店で日本酒を注文しているし、できているよと思う方も多いでしょう。ですが、メニューやラベルを見てもどのような味のお酒なのかが見当もつかずに何となく選んでいる人や、好きな銘柄は漠然と言えるけれども詳しいことはわかっていないため、好きなお酒はどんなタイプかと言われても答えられない人もいるのではないでしょうか。そういう方でも「これはこういうところが好き！」とわかった上で、自信を持って注文したり購入できるようになる。これが本講義のゴールなのです。

一時間目のテーマは「今、日本酒が面白い！　日本酒でお酒を覚えよう！」です。いきなりこんなことを言われても、本当に面白いの？　日本酒は難しそうなイメージがあるけど本当に覚えられるの？　と思う人もいるでしょう。また、ワインの方が面白い、ビールの方が面白い、ウイスキーの方が面白い！　と主張したいお酒ファンもいると思います。それももちろん本当でしょう。でも、ここで言いたいのは、世界のお酒の中で見ても日本酒はいま歴史上もっともおいしく、多彩で、面白いお酒になっているということなのです。バリエーションも豊富なので、一度飲んだけれどもあまり口に合わなかったという人でも、好みに合うお酒はきっとあるはず。そう言えるほど、面白いのですね。

さらには、お酒を覚える、つまりお酒の入門として日本酒を選ぶというのは、お酒を知っている人からすると「そんな馬鹿な」と思うかもしれません。でもこれが、根拠がない話ではないのです。順を追って理由を説明していきましょう。

お酒をあまり飲んだことがない初心者が、お酒を飲まない理由としては（体質的にお酒を飲めない場合は除きます）「酔って醜態をさらしたくない」「健康上のリスクがある」「味が苦手」ではないでしょうか。このうち、「酔って醜態をさらしたくない」「健康上のリスクがある」については、十四時間目でじっくりとお話しいたします。

そして、「味が苦手」については、ご安心ください。現在の日本酒の豊富なバリエーションは、従来のイメージからは想像できないほどの幅広さを備えているのです。どんな人でも好みのものがあると言えるほどなのですね。どっしりとした、旨味や苦味のあるお酒だけではありません。爽やかで甘酸っぱい、アルコール度数が低くてフルーティーなお酒もあるのですね。つまり、味が苦手という理由で日本酒を避けるのはもったいないのです。むしろ、お酒が苦手な初心者の方でも「好みの味の日本酒」はきっとあります。そのお酒を探すために、本講義はあるのです。

少し例を挙げてみましょう。今やコンビニエンスストアでも、低アルコールでシュワシュワしたスパークリング日本酒は容易に手に入ります。「澪」（宝酒造）は全国どこでも手に入るので、知っている方もいるのではないでしょうか。甘いタイプだけでなくドライタイプなど、さまざまなバリエーションがありますね。

　味だけでなく、見た目にもさまざまな日本酒が登場しています。どうせ飲むのなら「映(ば)える」日本酒というのはどうでしょう。透明なお酒で、細かい泡がシュワシュワと立ち上る姿はそれはそれで映えますが、かわいい色のお酒を飲みたい、という場合ですね。たとえば花見の季節によく登場する「桃色にごり」というタイプの日本酒があります。文字通りピンク色で、桜によく映えるのですが、これも日本酒なんですね。「尾瀬の雪どけ　桃色にごり」（龍神酒造）や「五橋(ごきょう) ride? PINK 純米大吟醸(だいぎんじょう) 桃色にごり」（酒井酒造）などが有名でしょうか。ピンクというよりは、明るい赤色のロゼワインのような色合いの「伊根満開」（向井酒造）という日本酒もあります。そう、意外とカラーバリエーションまで豊富なんです。

　さらには、厳密には「日本酒」ではないのですが、日本酒をベースにしてさまざまなものを加えた新しいジャンルのお酒、「クラフトサケ」も登場しています。「稲とアガベ　稲とブドウとホップ」（稲とアガベ）は日本酒の材料である稲（お米・米麹(こめこうじ)）と、ワインの材料であるブドウと、ビールの材料であるホップを全部盛り込んだという、なんとも贅沢なお酒です。こういう自由さも、今の日本酒にはあるのです。クラフトサケについては十二時間目でまた詳しくお話しします。

もうひとつ、入門用のお酒として優れているのは、あらゆるお酒の中で「ラベルの情報がとても多い」ことが挙げられます。日本酒のラベルをよく読んでみると、原材料だけでなく、どのような製法で造られているのかまでわかるのです。この、日本酒の製法がわかるというのは、日本酒にとっては味の傾向がわかるということに他なりません。

たとえばワインの場合は、製法よりも原材料の方が味に与える影響が大きいことが知られています。「今年のワインは出来が良い」などと、年ごとに「出来が良い」「10年に一度の出来」「少し低調」などと評価が変わるのは、農作物であるブドウの品質がその年の気候によって変わるからです。そのため、ワイン生産者の多くは自前でブドウ畑を持ち、細心の注意を払ってブドウを育てるのです。

一方、日本酒で「今年のお酒は出来が良い」という表現をあまり聞きませんよね。これは、原材料であるお米の出来不出来は、製造者である杜氏（とうじ）（日本酒製造の責任者）の腕によってある程度カバーすることができるため、味のブレを少なくできるからなのです。そうなると味を大きく左右するのは、どのような製造工程を経て造られたお酒なのか、という部分になるのですね。どちらがどう優れているというよりも、製造の思想の違い、文化の違いになります。

そのため、日本酒の味の傾向を知るためには「ラベルの情報」を読み解けるようになるのが一番の早道になるのです。そして、製造方法の情報を知るということは、お酒がどのようにできあがるのかを知るということにもつながります。「お酒の醸造」についての知識が深まっていき、他のお酒を知るときにも応用が利くのですね。というわけで、それだけ情報がたくさんあるというのは、お酒を知るにはもってこいなのです。

ただし、注意しなければならないのは、日本酒の醸造技術はかつてないほどに高まっていることです。たとえば、Aという製造方法を使うとこのような味になる、というところでも、Aという製造方法を使っているのにBという製造方法のような味わいにする、といったことができてしまうのです。つまり、ラベルの情報から推測できる味わいも、100%その味になるというわけではありません。

それでも、かなりの確率で製造方法から想起できる味わいになります。そのため、ラベル情報はあくまで「基本」であり、これを学ぶことは間違いではありません。基本を知らなければ応用、つまり例外を知ることもできないのです。そのため、本講義では「ラベルを読めるようになる」ことも重要視しています。

さらに、日本酒は世界で一番多彩な飲み方ができるのもポイントでしょう。日本酒は他のお酒に比べて、驚くほどさまざまな飲み方をすることができるお酒なのです。

たとえば、温度です。他のお酒でも、ワインにスパイスや蜂蜜などを加えて温めるホットワインや、同じようにビールにスパイスや砂糖を加えて温めるホットビールがあります。でも日本酒の場合は、何も加えずに驚くほど幅広い温度で楽しむことができるのです。ひとつのお酒が温度を変えることによって、がらりとその表情を変えるのですね。

常温では食前に飲むのにふさわしいけれども、温度を上げると食事と一緒に飲むのにぴったりになり、もう一回温度を下げると食後のデザートとして楽しめる。そんな、ひとつのお酒で三役をこなせるものも少なくありません。

熱燗（あつかん）という言葉があるように、温度を上げる方向で考えがちですが、日本酒は温度を下げる方向で楽しむものもあります。「Ice Breaker」（木下酒造）というお酒は、氷を浮かべてロックで飲む日本酒なんですね。さらには凍らせる「みぞれ酒」という飲み方まであるのです。これほどまでに単体で幅広い温度を楽しめるお酒は、世界広しといえども日本酒以外にはありません。温度については十五時間目でさらに詳しくお話しします。

また、食事との組み合わせについても研究が急速に進みました。日本酒といえば和食というイメージは正しいけれども、それがすべてではないのです。それこそ、現代の日本で人気のある焼肉やから揚げといった肉料理にも合うし、その組み合わせで提供する専門店もあるほどです。さらにはラーメンやパスタといった麺料理にも合いますし、カレーのような一見お酒と合わせるのに向いていない料理にも合うお酒はあるのです。もちろん、デザートに合う日本酒もあるのですね。

そもそも我々日本人は白いご飯が大好きで、何にでもご飯を合わせます。洋食だって、フランス料理やイタリア料理、さらにはスペイン料理だって、ライスをつけて一緒に食べるという人は少なくありません。そして、日本酒はお米から造られるお酒です。だとすると、どんな料理にだって、それに合う日本酒があると考えてもおかしくないとは思いませんか？　そして実際に、日本酒のバリエーションは、あらゆる料理に合う日本酒があると言っても過言ではないのです。

さらに近年では「ペアリング」と呼ばれる、日本酒と何かの食材を合わせて新しい味わいを生み出すことが広まりました。ある意味、日本酒を飲んでいる人にとっては常識的な組み合わせから、意外な組み合わせまで、あらゆるシチュエーションと料理に、日本酒を合わせるのです。スパイスだろうが、和菓子やチョコレートのように甘いものだろうが、合う日本酒はあるのですね。ペアリングについては、十六時間目でお話ししていきます。

ちょっと長くなりましたが、日本酒はこのように「あらゆる味のバリエーション」「豊富な情報量」「多彩な飲み方」「何とでも合わせられる包容力」を持ったお酒なのです。どうでしょう。お酒の入門として、申し分ないと思いませんか。

現代の日本酒は、今なお進化を続けています。原料であるお米だって、まだまだ品種改良が進んでいて、新しい品種が登場していますし、発酵を司る酵母（こうぼ）も同様です。今の日本酒は、江戸時代の将軍様でさえ飲むことができないレベルのお酒になっているのですね。この料理に合うこういうお酒や、新しい飲み方の提案などがどんどん生み出されてきている現代は、まさに「日本酒を知らないと損をする！」と言えるでしょう。少しでもお酒に興味があるのなら、こんなにも面白い日本酒を今追いかけなくていつ追いかけるの！というわけですね。

そんな日本酒を、世界が放っておくわけがありません。日本酒の輸出は年々伸びていますし、高級なお酒としてフランスの三つ星レストランで飲まれている日本酒もあります。海外で造られているお酒もありますし、ニューヨークやパリのシャンゼリゼ通りには日本酒バーもあるのです。日本酒に対する知識があれば、この流行に乗り遅れることなく存分に楽しむことができるでしょう。海外を旅行したり、海外からの旅行者から「あなたの国のお酒はどんなものなの？」と尋ねられたときに、胸を張って「日本酒というお酒はこういうお酒です！」と答えてみたくはありませんか。

とはいっても、専門的なことまで覚える必要はありません。どうしてこうなるかという部分では専門用語も出てきますが、何を何gで何分作業して……みたいな細かい部分は覚えなくても日本酒は楽しめます。あくまで「自分好みの日本酒を注文できるようになる」、そしてそのお酒がどういうお酒なのかを理解できるようになるのが講義のゴールです。有名な銘柄を覚えなくても、居酒屋のメニューから飲みたい日本酒が選べるようになる。そのための必要な知識と、流行の最先端の部分について、必ずおさえておきたいところをこの講義ではお話ししていきます。

一時間目のまとめ

日本酒は世界で一番面白い！

◆

あらゆる好みに対応できるほど、
日本酒の懐は深い

◆

どんな料理にも合わせられる
日本酒は存在する

◆

ラベルから製造方法がわかるため、
お酒の勉強にももってこい

◆

日本酒は世界一
多彩な飲み方ができるお酒

◆

今の日本酒を知らないと損！

目次

6章 新しい日本酒とどう出会うべきか 242

日本酒の基本!

先日
お酒を買いに
行ったん
ですけど…
前と同じ
お酒を
もう一度買った
つもりなのに
あった〜♪
なんか
違う!!
というとが
ありまして…
同じ名前の
お酒なのに
どうして味が
異なるんで
しょうか?
純米吟醸
星乃海
星乃海

違うお酒
ですよ
きぱり
同じ銘柄では
ありますが
表ラベルだけ
見ても
それぞれ
造りが異なる
違うお酒です
え
そうなん
ですか…
どういうこと?

2章 まずは知りたい

私には
違いが
わからない！
カラッポじゃないの……？

実は
ここと
ここが
こんなの
気付きません
よ〜！
ココ
ココ
星乃海
星乃海

大丈夫
です…
見るところが
わかれば
ラベルは
読めるように
なるのですよ……
菩
薩
そうなん
ですか！
あ！
キ

先生〜
ラベルの読み方
教えてください！
ハイ
教えます！
ラベルを読む時に
大切な
特定名称酒のことも
知って
おきましょう！
星乃海

特定名称酒ってなあに？

一時間目では、今の日本酒がどれだけ面白いことになっているかということと、日本酒は情報量が多いため、日本酒を学べば他のお酒を飲むときにもその知識が役立つということをお話ししました。二時間目からは、いよいよ目的である「自分好みの日本酒を注文できるようになる」ための勉強が始まります。

日本酒の定義

最初に「日本酒」とは何なのかを確認しましょう。これから学んでいくにあたって、どういうお酒が日本酒かをわかっていなければ、混乱してしまうことになりかねません。

まず知っておきたいのが「清酒（せいしゅ）」と「日本酒」についてです。日本酒は酒税法上では「清酒」と呼ばれていて、実際に市販されているお酒の中でも「清酒」と書かれているものはたくさんあります。いったいどこが違うのでしょうか。

その前に、酒税法？　と思った方もいるかもしれません。日本酒だけではなく、あらゆるお酒には酒税という税金がかけられています。そのため、酒税法という法律でお酒は定義されているのですね。その酒税法の第三条の七号にはこのような記載があります。

七　清酒　次に掲げる酒類でアルコール分が二十二度未満のものをいう。
イ　米、米こうじ及び水を原料として発酵させて、こしたもの
ロ　米、米こうじ、水及び清酒かすその他政令で定める物品を原料として発酵させて、こしたもの（その原料中当該政令で定める物品の重量の合計が米（こうじ米を含む。）の重量の百分の五十を超えないものに限る。）
ハ　清酒に清酒かすを加えて、こしたもの

酒税法ではアルコール分（度数）1％以上のものをお酒と定義しているので、清酒には1～21％のアルコールが含まれているのですね。多くの清酒は15％前後に調整されています。

ここから「清酒」という言葉の意味も何となく見えてきます。清酒とは、お米と米麴（こめこうじ）と

水を発酵させて、漉したものとありますよね。つまり、日本酒は透明なものというイメージがありますが、それは漉しているからこそ。清澄なお酒（にごっていないお酒）ということで清酒なのです。

そして清酒には、副原料がいくつか許されています。政令で定める物品（醸造アルコールや糖類など）を、制限内の量で加えても清酒と名乗ることができるのです。このあたりはまた後ほど詳しく説明いたします。

では「日本酒」とは何なのでしょうか。現在では、原料のお米に日本産米を用いて日本国内で醸造した清酒のことを「日本酒」と呼んでいます。海外でも清酒が造られるようになったので、それは〝日本〟酒と呼んでいいのかというところからこのようになりました。したがって、海外産のお米を使って国内で造ったものも日本酒とは名乗ることができません。なお、「日本酒」という呼称は地理的表示（GI）として国際的に保護されています。

地理的表示制度とはWTO（世界貿易機関）の協定が定める知的財産権のひとつです。酒類や農産品において、社会的な評価や特性が特定の産地ならではと認められた際に、その産地名を独占的に名乗ることができる制度です。ものすごくざっくり言うと、他の国が自国で造ったお酒を「これが日本の日本酒です！」と名乗ると混乱が起きてしまいますよね。

そういうことができないようにする制度です。

というわけで、現在では清酒＝Sake、日本酒＝Nihonshu もしくは Japanese Sake として、英語での呼称も区別しています。海外の材料だったり、海外で造られた清酒は Sake で、日本で日本産米を用いて国内で醸造したものが Nihonshu になるのですね。

まとめますと、清酒は米、米麹、水を発酵させて漉したものであり、アルコール度数は1〜21％の間、副原料もいくつか許されている、となります。それが全部国産原料で、日本国内で醸造したら「日本酒」というわけです。

ラベルを読めるようになろう

日本酒を買おうと思ったとき、試飲ができたり店員さんに聞ければ良いのですが、できない場合はラベルを見て判断するしかありません。店頭でスマートフォンを立ち上げ、蔵元のサイトを探し、商品情報を詳しく見るのも難しいですよね。そのため、特に初めて見る日本酒に対しての情報はラベルにしかないのです。ほとんどの日本酒に書かれているラベルの意味と、それらがどういう味わいになるのかを学んでいきましょう。

ラベルを読めるようになる最初の一歩は、多くのお酒に書かれている「本醸造酒」や「純米酒」、「吟醸酒」などの意味です。日本酒の名前は「星乃海（ほしのうみ）　純米吟醸　無濾過（ろか）生原酒」のように長いものが多いのですが、そのうちの「純米吟醸」などの部分ですね。これらはもちろん適当につけているわけではなく、「特定名称酒」と呼ばれるもので、名乗るのにも条件があるのです。特定名称酒がどういうものなのかを知ると、そのお酒がどのように丁寧に造られているのか、どういう方向性のお酒なのかが見えてきます。

「特定名称酒」と「普通酒」

「特定名称酒」とは、普通のお酒よりもちょっとこだわった手間暇かけた造り方をしているので、特別な名前をつけることが許されているお酒です。清酒も法律でいろいろ制限があることは見てきましたが、その中でもさらに制限をかけ、定められた基準を満たしているお酒につけられているのです。ただしこれは、原料や製造法の違いでつけられているものなので、お酒の優劣を決めるものではないことに注意してください。特定名称酒以外の日本酒は「日本酒（普通酒）」という扱いになります。現在販売されている日本酒は、特定名称酒と普通酒に分けられているのです。

では、どちらのお酒が主流なのでしょうか。実は流通量でいうと、普通酒の方が多いのです。近年では特定名称酒の方が伸びて、普通酒が減ってきていますが、それでも特定名称酒は全体の約4割ぐらいで、普通酒は6割ぐらいです（令和6年時点）。

特定名称酒と普通酒では、求められている味の方向性が異なります。普通酒は、いわゆる日常の晩酌の為に、安価で、料理と合わせて楽しめる、飲み飽きない味わいのものが多いのです。一方で、特定名称酒は、日常というよりもハレの日に飲むタイプが多く、料理と合わせておいしいのはもちろん、単体で飲んだときにもインパクトのある味わいや香りを持ったものが少なくありません。日本酒初心者のうちは、普通酒のような料理と合わせることで真価を発揮するようなタイプは、若干味わうのが難しいのも確かです。わかりやすくおいしいものが多いため、まずは特定名称酒を選ぶといいでしょう。

また、普通酒は日常的に飲むという性質上、その酒蔵の地元でのみ流通していて、都心にはなかなか入ってこないものも多いという事情もあります。地元の料理と合う味わいになっているので、他の地方ではあまり売れないのですね。というわけで、まずは特定名称酒とは何なのか、どういう種類があるのかを勉強していきます。

まずは純米とそれ以外に分けよう

特定名称酒は全部で8種類あります。この8種類を整理しながら覚えていきましょう。

- 本醸造酒
- 純米酒
- 特別本醸造酒
- 特別純米酒
- 吟醸酒
- 純米吟醸酒
- 大吟醸酒
- 純米大吟醸酒

よく見てみると、「純米」と書いてあるものとそうでないもので半分に分かれることがわかります。純米酒、特別純米酒、純米吟醸酒、純米大吟醸酒ですね。

清酒の定義を思いだしてみましょう。「お米」とお米に麹菌を生やした「米麹」と水を発酵させたものの他に、副原料を加えることができましたよね。その副原料に、「醸造アルコール」というアルコールを加えたものと、そうでないものとに分かれているのです。「純米」とついているものは醸造アルコールを加えていないという意味なんですね。本醸造酒や大吟醸酒といった「純米」とついていないものには醸造アルコールが加えられているのです。なお、醸造アルコールに関しては三時間目で詳しくお話しいたします。

醸造アルコールあり	醸造アルコールなし
本醸造酒	純米酒
特別本醸造酒	特別純米酒
吟醸酒	純米吟醸酒
大吟醸酒	純米大吟醸酒

醸造アルコールのありなしで分類できる

精米歩合で分類する

日本酒造りに用いるお米は、普段我々が食べているお米（食用米）を使うこともあるのですが、特定名称酒では酒造りのために品種改良されたものを用いるのが一般的です。これを酒造好適米（しゅぞうこうてきまい）と言います。酒造好適米は玄米のまま使うわけではありません。食用米と同じように、精米をする必要があるのです。日本酒業界では、精米することを「お米を磨く（みがく）」と表現したりします。

お米をどれだけ磨いたかを表すのが「精米歩合」です。玄米の状態を100%としたとき、何%になるまで磨いたかを表現するのですね。たとえば白米は、玄米の状態から外側を磨いて90%ほどにした状態です。つまり、普段食べている白米は精米歩合90%と表現することができるのです。

なぜお米を磨くのでしょうか。それは、我々が玄米の状態では硬くてなかなか食べられないのと同じように、お米を食べる麹菌も玄米では歯が立たないということが理由のひとつに挙げられます。そしてもっと大きな理由として、お米は表面に近い外側ほどタンパク質や脂肪分、ミネラルなどが多く含まれているからです。これらの成分は発酵すると、いわゆる雑味と呼ばれるような複雑な味わいを生み出します。雑味のないきれいな味わいにするために、お米の表面を磨き、芯の部分だけにして日本酒造りを行うのです。

特定名称酒では精米歩合を70%以下、つまり外側を30%以上磨き（削り）ます。玄米（100%）から白米（90%）にするのと、90%から80%にするのだと、同じように10%分を磨いているだけだから簡単に思われるかもしれません。ですが、お米を磨けば磨くほど、硬い部分がなくなり、軟らかく、脆くなっていきます。これが砕けないように外側を少しずつ磨いていくのはとても大変な作業だし、時間がかかるのです。100%から90%にするよりも、90％から80％にする方が大変ですし、80％から70％にする方がもっともっと大変なのです。これだけの手間暇をかけたお酒は、普通酒とは一線を画すということで精米歩合70％まで磨いたお米で造られたお酒を「本醸造酒」「純米酒」と呼ぶようになりました。

ではもっとお米を磨いてしまおう。具体的には70％ではなく60％にしてしまおう。これはもうすごいことだということで、「特別」の名前を冠しました。というわけで、精米歩合60％のお酒を「特別本醸造酒」「特別純米酒」と呼びます。

そしてここで「吟醸造り」という特殊な製法が登場します。ただでさえ精米歩合60％で特別なお酒に、吟醸造りという吟味して醸造する手法を加えたらもっとすごいお酒になるのではということですね。これはもう特別本醸造酒や特別純米酒とは別物だということで、「吟醸酒」「純米吟醸酒」と呼ばれるようになります。

さらにもっとすごいことをしよう。精米歩合50％まで磨いて、吟醸造りまで加えてしまおうと。これはもう現在で考えられる最高峰のお酒に違いない！　ということで「大吟醸酒」「純米大吟醸酒」の名前がつきます。

ここまでをまとめると次ページの表のようになります。

実際にはこのような順番で決まったというわけではないのですが、覚え方とわかりやすさを重視して順番に書いていきました。なお、これは条件を満たしていればいいので、たとえば精米歩合45％とか23％のように、50％よりもかなり低くても「大吟醸酒」「純米大吟醸酒」になります。ウルトラスーパー吟醸酒とかはありません。

そして時代が変わり、醸造技術の発達と共に基準が見直されたりして、２００４年には純米酒は精米歩合70％より上であってもその他の基準を満たしていれば名乗れるようになりました。基準を定めたときには精米歩合70％ぐらいまで磨かないと良いお酒にはならないのではと思われていたのが、精米歩合80％だろうと90％だろうとおいしいお酒が造れることがわかったからですね。

そして、特別本醸造酒や特別純米酒は、「客観的事項をもって特別なことをしている」のであれば、申請して許可が下りればつけられるようになっています。たとえば、通常では考えられないぐらい長い時間をかけて発酵させた、とかですね。その特別なことが、精米歩合に関わっている場合は、精米歩合60％以下に限ります。したがって、特別な製法が、

精米歩合70％	本醸造酒、純米酒
精米歩合60％	特別本醸造酒、特別純米酒
精米歩合60％＆吟醸造り	吟醸酒、純米吟醸酒
精米歩合50％＆吟醸造り	大吟醸酒、純米大吟醸酒

精米歩合と造りで分類できる

たとえば発酵期間に関わるものだけであれば、精米歩合65％の特別純米酒というものができあがるのです。

吟醸造りって何？

吟醸造りとは特別に吟味した材料を使い、低温でじっくりと発酵させて造る手法です。低温にすると菌の活動がゆるやかになります。菌も生き物ですから、快適に活動できる温度帯があるのですね。活動限界ギリギリまでの低温にすると、どうしても寒さの余り動きが鈍るのです。そうなると、温度が高めのときに比べると、同量のアルコールを生み出すのに時間が多くかかります。つまり、吟醸造りとは「低温で長期間発酵させる」のです。

なぜ温度が低い必要があるのでしょうか。理由はいろいろとあるのですが、吟醸造りに使われる酵母(こうぼ)が生み出す「吟醸香(ぎんじょうか)（吟香とも）」と呼ばれるいい香りに関係します。実はこの香りを出すために酵母が用いている酵素が高い温度に弱いんですね。そのため、温度が低い方が吟醸香を多く生み出せるのです。香りのために、低温で長期間発酵させているのですね。

というわけで、いままでのところを次ページで表にまとめてみました。特定名称酒はこのように分類することができます。

結局どれがおいしいの？

このように分類し、整理した後で知りたいのは、いったいどれがおいしいのかということではないでしょうか。

残念ながら、個人個人によって好みが違いますし、一緒に食べる料理との相性もあったりするため、これがおいしい！　と断言することはできません。そもそも、特定名称は条件さえ満たしていればそう名付けてもいい、というものです。そのため、たとえば吟醸造りで精米歩合49％と大吟醸酒の条件を満たしていても、蔵側がこれを「吟醸酒」として売り出したいと思えば吟醸酒とつけてもいいのです。

したがって、どれが一番おいしいかというのは一概には言えません。ただ、ある程度の方向性の話をしますと、精米歩合の数値が大きい、すなわちあまりお米を磨いていないものほど複雑な味わいになる（主に旨味などが増える）傾向にあります。その逆に、精米歩合の数値が小さく、

	醸造アルコールあり	醸造アルコールなし
精米歩合70%	本醸造酒	純米酒（※1）
精米歩合60%（※2）	特別本醸造酒	特別純米酒
精米歩合60%＆吟醸造り	吟醸酒	純米吟醸酒
精米歩合50%＆吟醸造り	大吟醸酒	純米大吟醸酒

※1　現在、純米酒は精米歩合の制限が課せられていません。精米歩合が70%より上でも純米酒を名乗ることができます

※2　精米歩合が60%より上でも、特別な製法をしていれば特別本醸造酒、特別純米酒を名乗ることができます

お米をたくさん磨いたものほど繊細な香りがします。そして、醸造アルコールを添加したものは、すっきりと口当たりが良くなる傾向にあります。癖の強いお酒が好きな人はあまりお米を磨いていないお酒が、すっきりとしたお酒が好きな人はお米をたくさん磨いているお酒が好みになる傾向があると思えばいいでしょう。

また、味の優劣はつけるのが難しいのですが、値段の優劣なら簡単につけられます。お米をたくさん磨いているものほど値段が高くなるからです。たとえばここに、精米歩合90％で造った日本酒と精米歩合45％で造った日本酒が同じ量あるとしましょう。できあがったお酒の量は同じですが、使われているお米の量には2倍の差が出ます。精米歩合90％のお米100kgで造ったお酒と同じ量の日本酒を造るには、精米歩合45％だと200kg必要になるというわけですね。また、磨けば磨くほど、お米を磨く難度は上がり、慎重に作業をしなければなりません。作業期間が長くなり、当然人件費も上がります。そういった理由で、よりお米を磨いているものほど値段が高くなるというわけです。

ただ、繰り返しになりますが、値段の高いものが自分にとっての最高のお酒というわけではありません。しっかり味わって、自分の好みを把握していきましょう。日本酒の味わい方については、この後の講義で詳しく説明していきます。

二時間目のまとめ

日本酒は米、米麹、水を
発酵させて漉したお酒

◆

日本酒には特定名称酒と
普通酒がある

◆

特定名称酒を名乗るのには
厳しい条件がある

◆

まずは純米系と醸造アルコール
添加系で分けて考えよう

◆

精米歩合によってさらに分けよう

◆

高いお酒が必ずしも自分にとって
おいしいお酒というわけではない

醸造アルコールってなあに？

二時間目では特定名称酒について学びました。そこで出てきたのが「醸造アルコール」です。〝特定名称酒の中で、醸造アルコールを添加していないものは「純米」で、添加していたら「純米」とはつかない〟と言われても、ピンとこなかった人もいるかもしれません。

そもそもお酒にアルコールを加えるとはどういう意味なのでしょうか。

また、日本酒や食を扱ったさまざまな作品で、醸造アルコールが悪者のように言われているケースもあるため、悪いイメージを持っている人もいるかもしれません。本当に醸造アルコールはそんなに悪いものなのか、詳しく見ていくことにしましょう。

そもそもアルコールってどうやって造られるの？

そもそもお酒、すなわちアルコールはどのようにして造られるのでしょうか。お酒の中のアルコールは、大半が「酵母（こうぼ）」という微生物の働きで造られます。酵母は糖分を分解する力を持っているのですね。こういった、微生物の働きによって、食品などを造ることを「発酵」と言うのです。醤油や味噌、納豆やヨーグルト、パンにチーズなどはすべて発酵によって造られています。そしてお酒も発酵によって造られているのですね。

「糖を（発酵で）分解するとアルコールと二酸化炭素になる」ということを覚えておきましょう。これはすべてのお酒の基本なので、この後もたびたび出てきますし、他のお酒にも応用が利きます。日本酒は、お米から造り出した糖分を発酵させて造るお酒ですし、ビールは麦（麦芽）の糖分を、ワインはブドウの糖分を発酵させて造るお酒なのですね。そして、その作業を行っているのが酵母という微生物なのです。

じゃあ醸造アルコールって何？

では醸造アルコールとは一体何なのでしょうか。これを添加するというのも、ちょっとわかりにくいですよね。

まず、添加の方から説明しましょう。簡単に言うと、日本酒造りの工程で生み出される「以外」のところで造っていたアルコールを加えているということなのです。日本酒造りをしていると当然アルコールが出てきますが、それとは別に、余所（よそ）で造ったアルコールを加えるという作業をしているのですね。

醸造アルコールという名前から、工場で化学合成をして造られるさまを想像するかもしれません。ですが、これも合成で造られるのではありません。この正体は、いわゆる蒸留酒なのです。


お酒は大きく分けると、日本酒やビールやワインなどの「醸造酒」と、焼酎(しょうちゅう)やウイスキー、ブランデーやウォッカやラムなどの「蒸留酒」の2種類に分類することができます。醸造酒は酵母などの働きで糖分をアルコールに分解し、造られるお酒です。先ほど学んだ、発酵によって造られるお酒というわけですね。

一方の蒸留酒は、醸造酒などを加熱して出てきた蒸気を集めて冷やす「蒸留」を行うお酒です。水よりもアルコールの方が沸点が低いため、加熱をすると先にアルコールが蒸気になります。その蒸気を集めて液体に戻すと、アルコール度数の高いお酒ができあがるのです。

蒸留酒はどんなお酒を蒸留したかによって、別々のお酒ができあがります。ものすごく乱暴に言ってしまうと、醸造酒である日本酒を蒸留すると米焼酎になり、ビールを蒸留するとウイスキーになり、ワインを蒸留するとブランデーになります。もちろん、おいしくするためにさまざまな技術が使われているし、そのまま焼酎やウイスキーになるわけではありませんが、主な原料はほぼ同じなのです。

では、醸造アルコールは何から造られる蒸留酒なのでしょうか。さまざまな種類があるのですが、一番多いのは廃糖蜜（はいとうみつ）と呼ばれる、サトウキビから砂糖を精製する際にでてくるものです。

砂糖を作る際には、まずサトウキビを押しつぶしてジュースを作ります。そのジュースから不純物を取り除いて煮詰めて精製し……とやっていくと、砂糖を取り出すことができるのです。ここで注目するのは、押しつぶされたサトウキビ。ジュースを搾（しぼ）られた後でも、実はまだ糖分がたくさん残っているのです。これが廃糖蜜（モラセスとも言います）です。「廃」という言葉が入っている上、砂糖を取り出した搾りかすと言われると少しマイナスイメージを持ってしまうかもしれません。ですが、十分に糖分が残っているのだったら活用しないともったいないですよね。モラセスは糖分だけでなくミネラルも豊富なので海外では調味料として使われていますし、近年では輸入食品店などで見かけることも増えてきました。このように、廃糖蜜は体に悪いものではないのです。

そして糖分があるなら、発酵させてお酒にすることもできますよね。そうしてできたお酒（醸造酒）を蒸留するとラム酒になります。そして、この蒸留を何度も重ね、不純物をとことん取り除いたものが醸造アルコールです。ラム酒と醸造アルコールは、同じサトウキビからできあがっているものなのですね。

醸造アルコールを造るには、連続式蒸留機と呼ばれる、何度もくり返し蒸留できる装置を使います。以前に取材をしたものでは、6階建てのビルと同じぐらいの高さで、40回以上連続して蒸留することができました。そうしてとことん蒸留すると、アルコール度数は96％にもなります。味は、ほぼ無味無臭です。ほぼといったのは、取材先で少しなめさせてもらったのですが、そのときは甘さを感じたからです。少し甘味のある醸造アルコールも存在するというわけですね。

そうやってできあがった醸造アルコールは日本酒蔵に運ばれると、水で薄めて貯蔵されます。これは96％のままだと万が一の場合に引火してしまう危険があることと、どんどん揮発してしまうので、消防法によって薄めて保管しなければならないと決められているからです。蔵によっては醸造アルコールと水をなじませるため、1年以上貯蔵してから使うところもあります。

ちなみに、多くの日本酒蔵では大手メーカーが造った醸造アルコールを購入して使っているのですが、蔵によっては自社で醸造アルコールを造っているところがあります。2020年の春にコロナ禍が発生した際には、手指消毒用のアルコールが足りなくなり、供給が追いつくまではそういった各地の酒造会社が高濃度アルコールの製造を行って代用品として提供していました。70%前後になるように水で薄めて「本製品は医薬品や医薬部外品ではありませんが、消毒用エタノールの代替品として、手指消毒用に使用することが可能です」と張り紙をして売られていたのです（それに伴っての法的な手続きに対しては2024年6月末まで便宜がはかられました）。

醸造アルコールが入っていると味はどうなるの？

では、何のために日本酒に醸造アルコールを入れるのでしょうか。これはとても難しい問題です。なぜなら、特定名称酒と普通酒とでは目的が大きく異なっているからです。

醸造アルコールは日本酒造りの中で、途中の工程で加えられるものです。純米酒ができあがってから醸造アルコールを足して、本醸造酒にするというわけではありません。まだ日本酒と酒粕（さけかす）に分かれる前の、タンクの中で発酵が行われている最中に加えるのです。

実は、香りの成分は水よりもアルコールに溶けやすいという性質を持っています。そのため、醸造アルコールを加えることによって、本来なら酒粕についていた香りがアルコールに溶け出し、日本酒に移るという効果があります。加えることで香りを引き出すことができるのですね。

また、味わいがすっきりするという効果もあります。ここに醸造アルコールが入っていない、アルコール度数が15％のお酒があるとしましょう。少し濃厚な味わいなので、すっきりさせるように薄めたいと考えたとします。ここで水を加えると、確かに味わいはすっきりとしますが、アルコール度数も一緒に下がってしまいますよね。では、アルコール度数を下げずに、味わいだけを薄めるにはどうしたらいいか。それは、水と共に無味無臭のアルコールを加えればいいのです。

したがって、醸造アルコールを添加すると香りが引き出され、すっきりとした味わいになり、飲みやすくなります。薄めるなんてとんでもないと思う人もいるかもしれませんが、たとえば果汁１００％ジュースを飲む時、濃いと思う人は水を加えて少し薄めてみてください。すっきりとした味わいになります。ジュースでも料理でも、味が濃すぎると胸焼けなどを起こしやすく、たくさん飲んだり食べたりできません。日本酒もそれと同じで、日常的にゆっくりとたくさん飲むお酒では、すっきりとしたものの方が好きという人がいるのです。もちろん薄めすぎてはおいしくなくなってしまいますので、おいしく仕上げるのは杜氏の腕の見せ所となります。だからこそ、毎年行われる全国新酒鑑評会（かんぴょうかい）には吟醸酒や大吟醸酒といった、醸造アルコールが添加されたお酒が多く出品されるのです。

特定名称酒に醸造アルコールを加えるのは、おおむね以上のような目的があるからです。そのため、添加できる量にも制限があり、たくさん入れられるわけではありません。では普通酒ではどうなのかというと、こちらも同じ目的がほとんどです。ただし、昔はそうではない理由もありました。それがややこしさを生んでいるし、醸造アルコールは悪者だとするイメージの源になっています。

簡単に言うと、戦時中の米不足のときには、食べるお米さえ不足していたため日本酒造りに回せるお米がありませんでした。そこで、醸造アルコールを加えることで、かさ増しをして需要を満たした時代があるのです。具体的には、醸造アルコールによって元の日本酒を3倍に薄めて増やす「三増酒（三倍増醸酒）」と呼ばれるお酒があったのですね。そのお酒は、味も薄まっているので、糖類などを一緒にたくさん添加していました。そのときのイメージがあるので、醸造アルコールは悪であるという人がいるのです。ちなみに、2006年（平成18年）の酒税法の改正によって、三増酒は造ることができなくなっています。3倍になるまで醸造アルコールを加えると、税法上では「清酒（日本酒）」というカテゴリーから外れ、「リキュール」扱いになるのです。そのため、現在では三増酒という日本酒は存在しないと言い切ることができます。

醸造アルコールはどれぐらい入っているの？

現在では、醸造アルコールを加えられる量は厳しく制限されています。特に、特定名称酒では白米重量の10%以下になります。と、言われてもちょっとイメージがつかないですよね。もう少し詳しく見ていくことにしましょう。

日本酒を造るときには、米と米麹と、水をだいたい同じ量だけ使います。たとえば100kgの日本酒ができあがるとしたら、米と米麹は約半分の50kgが使われています。この10

%以下ですから、醸造アルコールを5kgまで添加していいということになります。醸造アルコールは前述の通り水で薄めて貯蔵されていて、添加するときにはだいたい30%ぐらいになるようにして投入されます。というわけで10kgの水と5kgの醸造アルコールが100kgの日本酒に加わりました。この中の醸造アルコールの分量は、115kg中の5kgですから、5%もありません。

ただ、まだちょっとイメージがわきにくいですよね。漫画「もやしもん」13巻では、これをヤクルトにたとえて説明していました。糖度をアルコール度数と置き換えてみると、ヤクルトは糖度が18%で、日本酒と近くなります。ここに糖度100%の砂糖を醸造アルコールのように加えると、3・3gになります。果たして我々は、ヤクルトの中に入った3・3gの砂糖の強烈な甘味を感じることができるだろうか、というものです。どれだけ少ない量か、何となくイメージがついたでしょうか。

さらに言うと、実際の特定名称酒には白米重量の10%ギリギリまで入れているものはほとんどありません。もっと少量を、味を調えるために使っているのです。そのため、醸造アルコールが入っているとアルコール臭がきついとか舌がしびれるという人もいますが、よっぽどの鼻や舌を持っていない限りは、わからないと思います。

一方の普通酒にはどのぐらいまで入れることができるのでしょうか。普通酒の場合は白米重量の50％以下まで添加することができます。そのため、計算は省略いたしますが、数字上では二倍増醸酒までは造ることができるのです。でもこれは数字上のことだけと考えていいでしょう。なぜかというと、日本酒にそれだけの量で30度の醸造アルコール＆水を加えると、アルコール度数がどんどん上がってしまい、22度を超えてしまうからです。22度を超えてしまうと清酒、すなわち日本酒のカテゴリーから外されてしまいますので、結局そこまで加えることができないというわけですね。

というわけで、現在の日本酒では醸造アルコールはそれほど多く入っていません。実際、以前に私が主催となって日本酒のイベントを開催したときに、参加者にラベルを隠して飲んでもらったところ、醸造アルコールが入っているかどうか区別できる人はほとんどいま

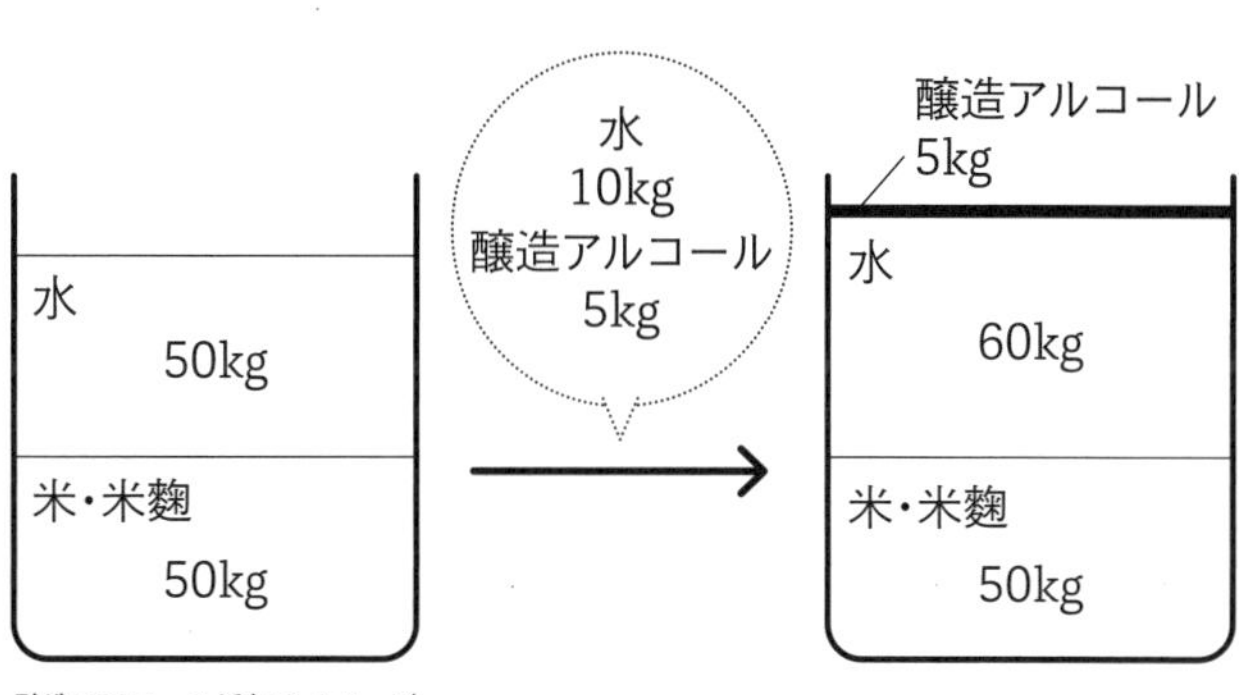

醸造アルコール添加のイメージ

せんでした。だいたい30人中1人か2人というところです。

ちなみに醸造アルコールを飲むと悪酔いするという人もいますが、これは悩ましい問題です。一応、現在では悪酔いするかしないかは飲んだアルコールの量の方が問題になるのであって、種類は問題ではないとされています。ですが、体質的にどうしても受け付けないという人はいるかもしれません。このあたりは十四時間目でさらに詳しく説明します。

結局のところ重要なのは、自分にとってそのお酒がおいしいかおいしくないかです。醸造アルコールが入っているお酒も実際に飲んでみて、おいしいと感じるかどうかで判断するようにしましょう。

三時間目のまとめ

「糖を分解するとアルコールと
二酸化炭素になる」が
お酒の発酵の大原則

◆

醸造アルコールは言われるほど
悪者ではない

◆

得体の知れない材料や
製法は使われていない

◆

水増しをしてお金儲けをしようと
思っているお酒は少ない

◆

味の調整のために入れられる、
むしろ蔵人の腕の見せ所でもある

◆

「飲んでおいしいか」で判断しよう

ラベルの読み方を身につけよう！

ここまでで特定名称酒と醸造アルコールについて学びました。ですが、日本酒のラベルに書かれている情報はこれだけではありません。そしてそれ以外の情報の方が、大きく味に関わってくるのです。

日本酒のラベルには瓶の表に貼られている「表ラベル」と、裏に貼られている「裏ラベル」があります。このラベルの読み方を身につければ、ある程度は味の予想ができるようになるでしょう。ただし、すべてのお酒のラベルで同じ項目が書かれているわけではありません。お酒によって書かれている項目がばらばらだったり、裏ラベルがないものもあったりするのです。これはいったいどういうことなのか、ラベルはどこを見ていけばいいのかを四時間目では学んでいきます。

ラベルには表と裏がある

先ほどもお話しした通り、日本酒に貼られているラベルは2種類あります。お酒の名前が大きく書かれている、いわゆる良く目にする瓶の表の「表ラベル」と、細かいことが書いてある瓶の裏の「裏ラベル」です。表ラベルには法律によって定められている必要記載事項が書かれていて、裏ラベルにはそのお酒の特長や、表ラベルに記載されていない細かい情報などが書かれています。ただし、裏ラベルの情報は任意記載事項であり、蔵元側の判断で記載しても記載しなくてもいいのです。お酒によって記載されている項目がバラバラなのは、こういう理由があるからなんですね。ちなみにお酒によっては、裏ラベルがないだけではなく、あえて情報を非公開にしているものもあります。

まずは表ラベルから見ていこう

表ラベルの必要記載事項を順番に見ていきましょう。最近はお酒の名前が大きく書かれたものだけではなく、さまざまなデザインのものが増えてきました。ワインのようなラベルだったり、イラストが描かれていたりと、いかにも「日本酒」というような筆文字以外のラベルがたくさん出ているのですね。色合いにも工夫をしていて、夏向けのお酒は涼しげな青系統の色が多かったり、冬に温めて飲むとおいしいお酒は赤系統のラベルが貼られていたりすることもあります。

そんな見ているだけでも楽しくなるラベルですが、以下の項目が記載されています。

【「清酒」または「日本酒」の表記】

いわゆる「品名」で、このお酒が日本酒ですということを証明する記載です。日本酒でないもの、つまりは日本酒の原材料として認められていないものを添加していたり、日本酒の範囲を超えるアルコール度数のものは「リキュール」「雑酒」と記載されます。

【原材料名】

割合の多い順番に、日本酒の場合は「米・米麴」などと記載されています。書かれている可能性があるのは、「米」「米麴」「醸造アルコール」「糖類」「酸味料」です。米と米麴以外のものも、添加をしたら必ずここに記載しなければなりません。醸造アルコールや糖類が入っているものかどうかは、ラベルを見ることで判断できるのです。

また、特定名称酒の場合は、原材料名の近くに精米歩合を表示する必要があります。

【精米歩合】

お米をどれだけ磨いた（削った）かを示す割合です。玄米の状態を100％とし、磨けば磨くほどその数値が小さくなります。普段食べている白米（食米）は、精米歩合で表現すると90％ほどです。ただしこれは特定名称酒にのみ記載されます。普通酒では記載しなくてもかまいません。

【アルコール分】

アルコール度数です。「清酒」のカテゴリーに入るには、

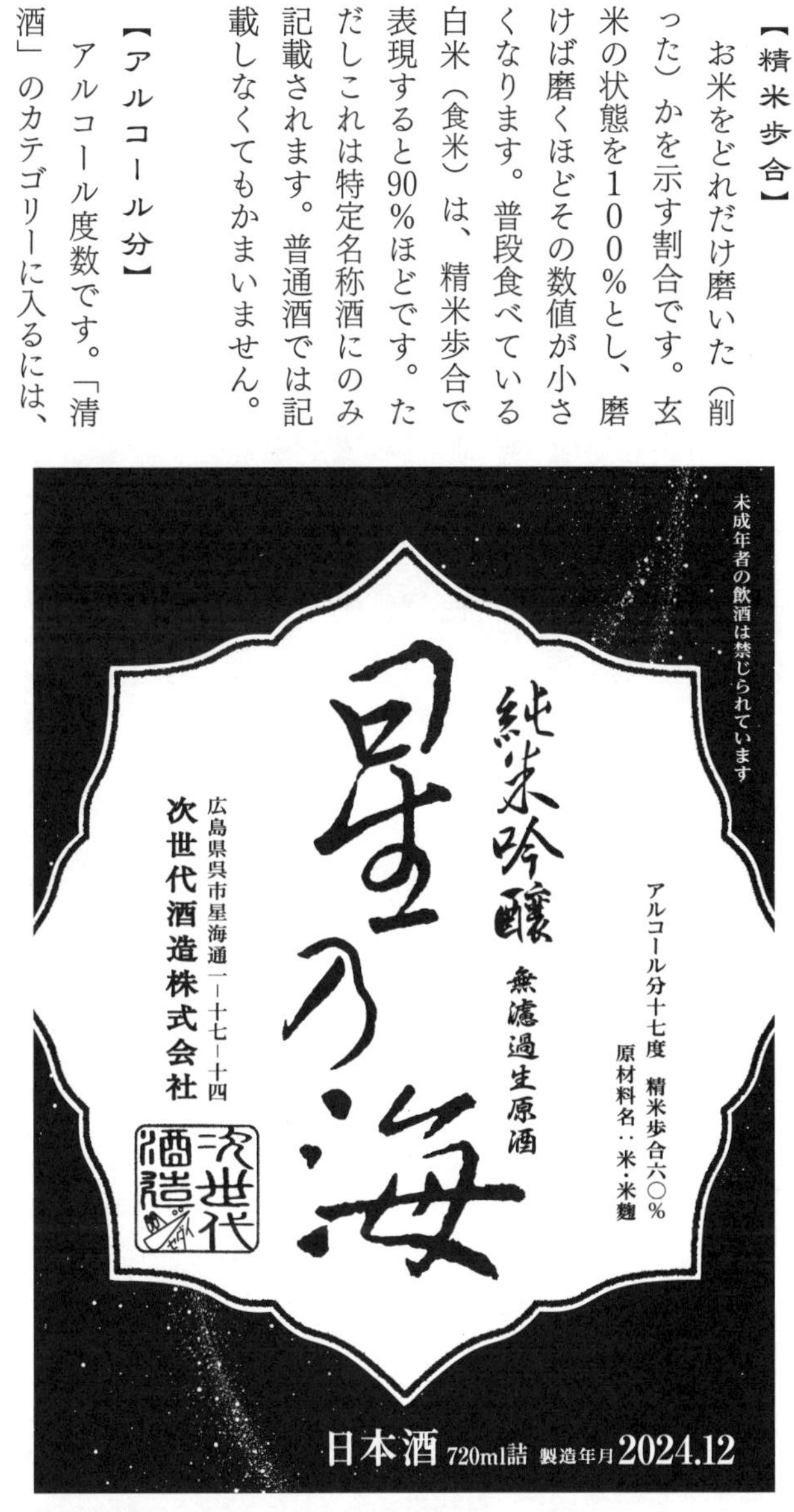

表ラベルの例

アルコール度数は22度（%）未満でなければなりません。22度以上のものはリキュールや雑酒という扱いになります。

【製造時期】

製造時期を「製造年月日」として年月で記載します。ただしこれは、日本酒が日本酒として完成した日を記載しているわけではありません。できあがった日本酒を瓶などの製品容器に詰めた年月が、製造時期になります。たとえば令和3年にできあがった日本酒をそのまま熟成させて、令和5年に瓶詰めしたとしましょう。その場合は、製造時期には令和5年と記載されます。この表記は西暦を使っても、和暦を使ってもかまいません。

また、容器の容量が300mℓ以下の場合には「年月」の文字を省略してもいい（「製造年月日」ではなく「製造日」）ことになっています。

なお、製造時期は表ラベルに書かれることもありますが、2023年1月より任意記載事項に変更になったため、裏ラベルに書かれることもあります。

【注意事項】

「二十歳未満の者の飲酒は法律で禁止されています」などの、未成年者（正確には二十歳未満）飲酒防止の注意が書かれます。また、生酒の保存などの飲用上の注意も記載されます。

【製造者の氏名または名称】

このお酒を造った会社名が正式名称で記載されます。

【製造場の所在地】

このお酒を造った会社の住所が記載されます。

【容器の容量】

一升や四合といった単位ではなく、1・8ℓや720㎖のように記載されます。

またこれら以外にも特定名称酒など、法律で決められた要件を満たしたときだけ表示できる項目があります。具体的には【特定名称】【原料米の品種】【産地名】【酒の特徴を示す語句】です。特定名称では吟醸とか純米とか本醸造などが書かれ、酒の特徴を示す語句では原酒や生酒等が記載されます。

味の基本情報は裏ラベルに！

表ラベルとは異なり、裏ラベルにはそのお酒の特長だったり、そのお酒をよく知るために参考となる各種データが書かれています。任意記載事項のため、すべてのお酒で同じ項目が書かれているわけではないのですが、よく書かれている項目を紹介しましょう。

【原料米・使用酵母】

このお酒がどんなお米を使って造られているか、それらを発酵するのに使った酵母は何なのかが記載されています。表ラベルだけではなく、ここにも精米歩合などが記載されている場合があります。

【日本酒度】

日本酒度とは、水と比べてどれだけ日本酒中に糖分などが入っているかを表したものになります。4℃の水と同じ比重を日本酒度0として、それより軽いとプラス（＋）に、重いとマイナス（－）になります。ようは、軽くて水に浮くとプラスに、重くて沈むとマイナスになると覚えるといいでしょう。

なぜこうなるのかというと、水に比べてアルコールは軽い（比重0・8）ということを念頭に置く必要があります。アルコールと水が入った液体は、同容量の水に比べて軽いのですね。

ところが日本酒に入っているのはアルコールだけではありません。さまざまな成分が溶け込んでいるのです。特に多いのは糖分で、糖は水よりも重いため（珈琲や紅茶に入れた溶けきれない砂糖は底に沈みますよね）、糖分がたくさん含まれていればいるほど、そのお酒は重くなるのです。というわけで、比重が軽い日本酒度プラスのお酒には糖分はあまり入っておらず、重い日本酒度マイナスのお酒には糖分がたくさん入っていることになるのです。

そうなると、日本酒度マイナスのお酒は甘口のお酒になると思う人もいるでしょう。ですが、残念ながら、日本酒度は甘辛の指標ではないのです。甘さは他の味とのバランスで決まるのですね。このあたりは十時間目で詳しくお話しします。

そもそも同じ日本酒度のお酒が2本あったとしても、アルコール度数が違うと同じような甘さにはなりません。片方はアルコール度数が18度で、もう片方は15度だとしましょう。

18度の方がアルコールの量が多いため、基本的には軽くなります。ところが15度のお酒と同じ日本酒度（同じ比重）になるということは、18度の方が15度のお酒よりもたくさん糖分が入っていなければなりません。そうなると当然甘さにも影響が出るというわけです。あくまで比重が重いか軽いかの数値であり、糖分の絶対量というわけではないのですね。

また、にごり酒のように、お酒の中に細かくなったお米が入っているものは、水よりも重い（沈む）ものがたくさん入っているので重くなります。仮に糖分がほとんど入っていない、甘口ではないものでも、にごりの成分によって日本酒度はマイナスになるのです。というわけで、日本酒度は甘辛の指標ではないということに注意するといいでしょう。

【酸度】

日本酒の中にはアルコールや糖分だけではなく、さまざまな有機酸類（コハク酸、リンゴ酸、乳酸、クエン酸など）が含まれています。これらの酸によって、酸味を感じるのですね。酸度はこういった酸がどのぐらい含まれているかを表したものになります。

【アミノ酸度】

コハク酸などだけではなく、日本酒にはアミノ酸も含まれています。アミノ酸が多いと旨味を感じるお酒になります。ここではアミノ酸がどれだけ含まれているかを表しています。

【醸造年度】

BY（Brewery Year）とも表記されるもので、何年に製造されたお酒ということを表しています。日本酒の醸造年度は通常の1年とは異なり、7月1日から翌年の6月30日ま

純米吟醸 無濾過生原酒 星乃海

純米吟醸無濾過生原酒『星乃海』は、瀬戸内海に面した星空の綺麗な地で醸されました。しっかりとした味わいながらも後味のキレがよく、食事の邪魔になりません。若き杜氏が、次世代を担うこれからの人に飲んで欲しいという思いを込めて造ったお酒です。是非、さまざまな料理と一緒に味わってください。

原料米	山田錦 100%
原材料名	米・米麹
アルコール分	17度
精米歩合	60%
日本酒度	+2
酸度	1.2
アミノ酸度	1.0
酵母	非公開

日本酒 720ml詰 製造年月 2024.12

次世代酒造株式会社

広島県呉市星海通1−17−14 http://ji-sedai.jp/

未成年者の飲酒は法律で禁じられています

裏ラベルの例

でとなっています。令和6BYと書かれていたら、令和6年7月から令和7年6月末までの間に醸造されたお酒ということになります。

この中でも特に味の参考になるのは、酸度やアミノ酸度です。ですが、酸味や旨味も他の味との相乗効果や、温度によって感じ方が違うので、数値だけを鵜呑みにするわけにはいきません。

また、お酒によっては蔵元がどういう風に飲んでもらいたいかを示すために、「オススメの飲み方」や「甘辛」を記載しているものもあります。オススメの飲み方では「冷やして」「室温」「ぬる燗」「熱燗」などの項目があり、それぞれに△や○や◎が記載されています。冷やしてが◎だったら、冷やした方がおいしいですよという意味ですね。甘辛は「甘口」「やや甘口」「やや辛口」「辛口」などが記載されています。

これとは逆に、一切の情報を非公開にしているようなお酒もあります。先入観なく、自由に楽しんでもらおうというものです。そういうお酒の場合は、とにかく飲んで自分が感じたままを楽しみましょう。

四時間目のまとめ

ラベルを読むと、何となく
その日本酒の味が見えてくる

◆

日本酒のすべての味を数値で
判断することはできない

◆

裏面は任意記載事項なので、
裏ラベルがない日本酒もある

◆

日本酒度は
甘辛の指標ではない

◆

詳細成分が非公開の
日本酒もある

特別授業①

三増酒が登場した時代背景

三増酒はとてつもない「悪」のように言われることが多いのですが、歴史を見ると仕方がない面もあります。というのは、その誕生に国の思惑が入っているからです。

戦中や戦後にかけては、日本酒の原材料であるお米がありませんでした。さらには、杜氏や蔵人が戦争にかり出され、戦死した方も多かったので、お酒造りのための人手が根本的に足りなかったのです。そして、戦後には戦争に出ていた兵士が復員してきます。兵士の大半はお酒を飲める男性のため、お酒の需要が一気に高まったのです。しかし、需要が増えても供給ができません。そこで闇市で粗悪なお酒が流通してしまうことになりました。いわゆる「メチル」「カストリ（粕取り焼酎とは別物です）」「バクダン」と呼ばれる密造酒です。これらは失明の危険があったり、死亡率が高い、非常に危険な代物でした。

もうひとつ、政府にとっては酒税は主要な収入源だったということがあります。多いときには税収の三分の一が酒税だったほどなので、とてつもなく重要だったのですね。国民の健康を損ねる上に税収が減る密造酒の横行は、絶対に許すことができません。これを解決するにはお酒の増産しかないのですが、酒造りの経験者が軒並み亡くなっているのですから酒造りがうまくいかないのです。腐造（火落ち菌が増殖して、清酒がダメになってしまうこと）が相次ぎました。そこで開発されたのが、三増酒の技術なのです。添加用の醸造アルコールを大量に配給して、各地で三増酒を造らせたのですね。正規のお酒を市場に出すことで、密造酒を排除して、税収を蘇らせようとしたのです。

このことは造り手にもメリットがありました。かさ増ししてお金儲けができるわけではありません。途絶えてしまった酒造りの技術を復活させられたのです。醸造アルコールを大量に添加するので味が薄まるため、お酒造りに多少失敗しても誤魔化せたのですね。そうして、多少失敗してもいいからチャレンジできる環境が整い、お酒造りに関する経験をたくさん積むことができるようになりました。これが、現在の日本酒造りに受け継がれる技術力の復権にもつながったのですね（もちろん、これだけがすべてではありません）。

飲み手にとっては、やはり失明しない、飲んだだけでは死なないというのがメリットでしょう。三増酒が登場したのにはそういう事情があったので、時代背景的には１００％悪者ではなかったのですね。

日本酒の味が見えてくる

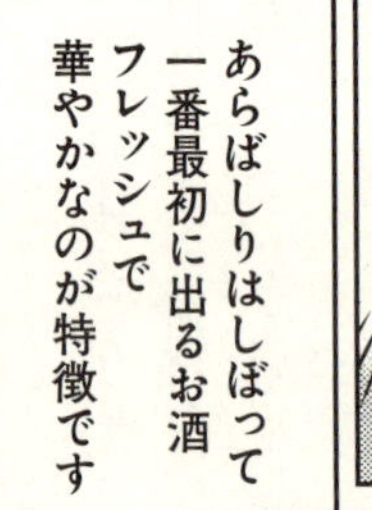

3章 より細かく知れば

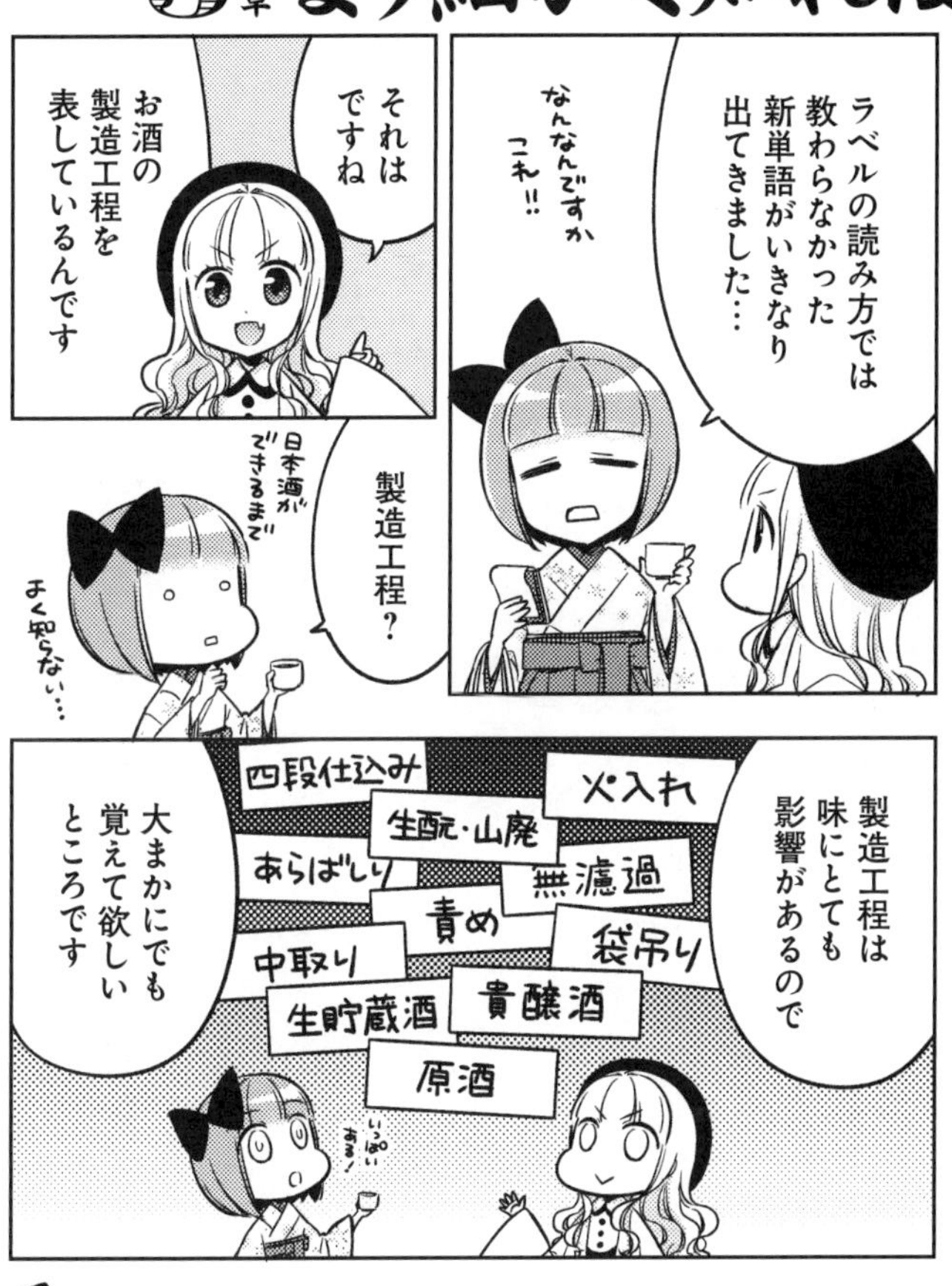
ラベルの読み方では教わらなかった新単語がいきなり出てきました…
なんなんですかこれ!!
それはですね
お酒の製造工程を表しているんです
製造工程？
日本酒ができるまで
よく知らない…
製造工程は味にとても影響があるので
火入れ
四段仕込み
生酛・山廃
無濾過
あらばしり
袋吊り
責め
中取り
貴醸酒
生貯蔵酒
原酒
大まかにでも覚えて欲しいところです
いっぱいある！

あれ
お米の違いや地域の違いは？
よっぽど味に影響ありそうですけど

いい質問ですね

その辺も含めてお教えします！
このあらばしりください！

日本酒の造り方をざっくりと把握しよう

前回ではラベルの読み方の基本的な部分を見てきました。数字が出てきたりしていて、少し難しかったかもしれません。

五時間目では、日本酒の製造工程の基礎を学びます。二時間目で学んだ特定名称は「星乃海　純米吟醸　無濾過生原酒」という日本酒の名前の「純米吟醸」の部分でしたよね。今回はそれ以外の、「無濾過生原酒」に当たる部分を学びます。ここに記載されている内容で、このお酒がどのような製法で造られ、どのような工程で仕上げられたかがわかるようになっているのです。そしてここを読めるようになれば、「自分好みの日本酒」がどういうお酒なのかがわかるようになるのですね。

ただし、この製造工程の名称は「特別なことをしている」ときに記載されます。いわゆる普通のやり方といいますか、大半のお酒が行っている、日本酒造りの基礎とも言える手法を用いている場合には何も書かれません。「星乃海　純米吟醸」だけになるのです。特殊な造り方をしたら味が変わるので、その名前をつけてアピールしているのですね。

したがって、五時間目ではその日本酒造りの基礎の部分、名称に反映されないやり方を中心に製造工程を学んでいきます。

覚えておきたい菌の大原則

製造工程について学ぶ前に、今後たびたび出てくる重要なポイントをひとつ覚えてください。それは「菌の世界は先に増えたもん勝ち」です。

基本的には菌同士が戦うと数の多い方が勝ちます。超強い菌が少数でもバッタバッタと相手を倒して……という展開は、基本的にはありません。強い菌でおなじみの納豆菌も、増殖速度が桁違いに速いので「強い」のです。速い上に、他の菌だと死滅する温度でも生き残るため、退治しにくいという、まさに最強の菌なのですね。酒蔵の人が納豆を食べられない、と言われるのにはこういう理由があるのです。

日本酒造りだけにかかわらず、発酵食品を造る際には、発酵に有用な菌をいかに速く増やすのかがとても重要になります。増やしさえすれば、雑菌（その食品を造るのに有用ではない・害を及ぼす菌）の繁殖を抑えることにつながるのです。そして、日本酒造りの発酵で登場する「酵母」「麹菌」「乳酸菌」はすべて「菌」なので、どれだけこれらの菌を育て、コントロールするかが重要になっています。

日本酒の造り方をざっくり把握しよう

日本酒はお米から造られるお酒です。日本酒造りを簡単に言うと以下のようになります。

- **お米から糖分を造り出す**
- **糖分を発酵させてアルコールにする**
- **濾過によって余分なものを取り除く**
- **流通できるように仕上げをする**

二時間目でも見たように、「清酒」は漉したものでなければなりません。そして、現代で商品として販売するためには、店頭にある程度の期間置かれていても、品質を一定に保つ必要があります。そのため、漉したり、仕上げを行って品質が変わらないようにする必要があるのです。ただ発酵するだけでなく、さまざまな仕上げまで行うことで「日本酒」となります。

〈麹造り〉お米から糖分を造り出す大事な作業

三時間目でも学んだように、お酒は発酵によって造られます。「糖を分解するとアルコールと二酸化炭素になる」ですね。

そしてここでひとつ問題が出てきます。それは、お米には糖分が入っているわけではない、ということです。炭水化物、つまり糖質の塊だから糖分が入っているように思われますが、正確には「でんぷん」がたくさん入っているのですね。純粋な糖分ではありません。お酒を造るには、でんぷんを糖分に変える必要があります。

ご飯を食べるときに、口の中でもぐもぐとしていると、だんだん甘くなってきますよね。これは、ご飯のでんぷんを、唾液に含まれるアミラーゼという「酵素」が分解し、糖分にしているのです。つまり、ご飯をひたすらもぐもぐすれば糖分ができあがります。この原理で造られるお酒が、日本酒の起源とも言われ、映画『君の名は。』にも登場した「口噛み酒」です。

ただし、このやり方は大量生産には向きませんし、何よりも不衛生です。そこで登場するのが「麹菌」です。麹菌、中でも日本酒造りに使われる黄麹菌はアミラーゼなどの酵素を持っていて、でんぷんを分解することができます。麹菌を繁殖させて、糖分をたくさん生み出すのですね。これが「麹造り（製麹、とも言う）」という工程です。昔から「一麹、二酛、三造り」と酒蔵に伝わっているほど重要な工程なのです。

麹造りは「麹室」と呼ばれる、室温が30℃前後の部屋で行われます。湿度も高めの、高温多湿な環境の方が麹菌がよく育つのですね。

麹造りだけでなく、日本酒造りに用いるお米は「蒸米」です。家庭のご飯のように直火で炊き上げるのだと、どうしても加熱ムラができてしまうのですね。釜に直接接している部分が加熱されすぎてお焦げができてしまうことを想像するといいでしょう。また、お米を蒸した方が、水分含有量が少ないことも挙げられます。炊いたお米は約65％の水分を含んでいるのに対して、蒸したお米は約37％ほどです。そして麹菌が繁殖するのに最適なのは、35～40％ほどの水分量のため、蒸した方が効率的なのです。さらに、水分が少ない分、その後の工程での最適な温度にするために冷ましやすいというメリットがあります。

麹造りに用いるお米は「外硬内軟」という外側が硬く内側が軟らかい、グミのような弾力のある状態になるよう蒸し上げられます。そうすることで、麹菌は米の外側だけで満足するのではなく、軟らかい中心部にある水分を求めて菌糸を伸ばすため、すみずみまでお米が活用されることになるのです。麹造りに使うお米のことを「麹米」とも言います。

麹米を麹室で広げ、種麹をふりかけ、麹菌を育てて増やします。このとき、麹菌が活動をすると、我々が運動したのと同じように体温が上がることに注意しなければなりません。つまり、麹菌がついた米の温度が上がっていくのです。温度が上がりすぎないよう、かといって下がりもしないようにしなければなりません。さらに適切に酸素を送り込まなければならないため、麹造りは数日間つきっきりの作業になるのです。そうして米麹ができあがります。

〈酛・酒母造り〉アルコール発酵のための理想的な環境を整える

米麹に酵母を加えたらお酒はできあがる……と言えるのですが、ひとつ問題があります。それは、万が一お酒造りには関係ない雑菌が先に繁殖してしまうと、酵母が負けてしまうことです。それは絶対に起きてはいけません。

ではどうしたらいいでしょうか。ここで「菌の世界は先に増えたもん勝ち」を利用するのです。つまり、何らかの方法で雑菌を退治してほぼ無菌状態にして、そこに酵母を投入。酵母がある程度以上増えて、全体の過半数をとったらもう雑菌には負けないということですね。

この無菌状態を、大きなタンクで造り上げるのはとても大変です。そこで、まずは小規模な、管理しやすい量で造り上げるのです。これが「酛」もしくは「酒母」と呼ばれるものです。

殺菌に使うのが乳酸です。乳酸には殺菌力があり、他の菌を退治するのですが、日本酒造りに利用される酵母は乳酸の中でも生きていけるのです。つまり、乳酸を加えれば、雑菌が退治され、ほぼ無菌状態でのびのびと酵母が生きていけるのですね。というわけで、酛造りでは水と米麴と酵母と乳酸を加えて、酵母を増やします。

〈もろみ造り〉お酒を増やすために段階的にお米などを加える

できあがった酒母には乳酸がたくさん加わっています。そのため、酸味がとても強く、そのままではちょっと商品になりにくいのです。さらに、管理しやすい量にしているため、もっと量を増やしたいのも事実です。そこで、さらに蒸米、米麴、水を加えて調整する作業を行います。

ただし、ここで一気に入れると、せっかく雑菌を退治していた乳酸が薄まり、また全体の中での酵母の割合も薄まってしまうため、雑菌が繁殖してしまう可能性があります。そこで、3回に分けて加えるのです。これを「三段仕込み」と言います。

三段仕込みの考え方は、酛を倍倍に増やしていく、というものです。酛と同量の米麹、蒸米、水を加えるのですね。同量なら酵母が過半数をとっているので、酵母が雑菌に負けることはないのです。そして十分にまた酵母が増えたら、また仕込み、また増やして仕込みと、合計3回行います。


実際には、1日目に大きなタンクの中に酛（酒母）と、それと同量の米麹、蒸米、水を加えます。これを「初添（添え仕込み）」と言います。

2日目は「踊り」という作業を行います。これは酵母が十分に増えるのを待つ時間なので、攪拌ぐらいはするものの、何かを加えるというわけではありません。

3日目は「仲添（仲仕込み）」を行います。これが二段目の仕込みです。初添のときの2倍の量の米麹・蒸米・水を加えます。

4日目が「留添（留仕込み）」です。仲添のときの倍の量の米麹、蒸米、水を加えます。

こうしてできあがるのが「もろみ」です。

〈しぼり〉もろみをしぼって透明なお酒にする

もろみの状態で、どんどん発酵は進んでいきます。糖分がアルコールになっていくのですね。お米も溶けていき、ドロドロの液体のようなそうでないようなものになっていきます。このとき、空気を入れたり、沈殿物を引き上げて均一に発酵させるため、櫂（かい）という棒でもろみをかき混ぜる「櫂入れ」作業を行います。

何日も経って、いい具合にもろみが仕上がったら、濾過（しぼり）によって液体と固体を分離しなければなりません。これが清酒の条件である「こしたもの」ということなんですね。そうやって液体である「清酒」と、固体である「酒粕」に分かれます。

〈仕上げ〉流通できるように加熱殺菌など仕上げをする

これで日本酒ができあがりかというと、そうではありません。確かに、蔵見学などをしたときに「しぼりたてのお酒」として飲める状態にはなっていますが、ここから商品として展開するためには、流通に乗せなければなりません。細かい不純物などを取り除いたりするのですね。

そしてそのときに重要なのは、流通の過程で味が変わってしまわないようにすることです。ただ単にしぼっただけでは酵母が中で生きていたり、雑菌が入っているかもしれません。そこで「火入れ」という加熱殺菌を行います。

さらに、貯蔵という工程もあります。これはお酒をタンクに入れて半年近く保管することで、味わいをまろやかにするためです。

こうして貯蔵や火入れをしたお酒を瓶に詰めて、ラベルを貼ったら、販売される「日本酒」が完成するのです。

というわけで、日本酒造りの基本の流れをまとめてみました。漫画版よりの引用です。

日本酒造りの基本の流れ

こうじ造り

↓

酛（もと）造り

↓

仕込み

↓

もろみ

↓

しぼり

↓

火入れ

↓

日本酒完成！

星海社 COMICS『白熱日本酒教室』2巻23ページより

五時間目のまとめ

菌の世界は
先に増えたもん勝ち

◆

〈麹造り〉で米のでんぷんを
糖分に分解する

◆

〈酛・酒母造り〉で発酵のための
理想的な環境を整える

◆

〈もろみ造り〉でお酒を
段階的に増やしていく

◆

〈しぼり〉でお酒を
透明にする

醸造の工程で味が変わり、名前がつく

五時間目で日本酒の造り方を学びました。もちろん、あの通りに行うと日本酒は完成します。ですが、日本酒は各工程で通常のやり方とは異なる「特別なこと」をすると味が変わるお酒でもあります。この特別なことこそが、最近の日本酒が面白い理由であり、さまざまな味のバリエーションにつながっているところでもあり、それが名前にも反映されているのです。

六時間目では、日本酒の製造工程の前半、主に醸造に関する工程での特殊な造り方について見ていきましょう。少し複雑で、項目数も多いので、五時間目（P82）の日本酒造りの基本の流れを見返しながら読み進めてください。

〈麴造り〉特殊な麴菌を用いるやり方がある

お米から糖分を取り出す麴造りの段階から、特殊なやり方が存在します。それは、麴菌に特殊なものを使うことです。

一般的な日本酒造りには黄麴菌を用います。学名をAspergillus oryzaeと言い、漫画『もやしもん』のオリゼーとして有名ですね。この黄麴菌の中にもさまざまな種類があるのですが、日本酒造りにはでんぷんを分解して糖分にする力が強いものが使われています。これが味噌や醬油ですと、同じ黄麴菌でもタンパク質を分解する力が強いものが用いられるのです。用途に応じてエリートを選抜していき、その発酵食品を造るのに特化したものを各業界では造り上げているのですね。

一方、焼酎や泡盛ではオリゼー以外の麴菌が用いられます。その代表に黒麴菌（Aspergillus luchuensis）があります。黄麴菌との違いは、まずは見た目です。その名の通り、黄色っぽい黄麴菌に対して黒麴菌は真っ黒なのですね。そして、黒麴菌はタンパク質を分解する力に優れている他、クエン酸を生み出します。クエン酸はレモンの酸っぱさのもとでもあるので、酸味がとても強くなるのですね。高温多湿な環境でもクエン酸のおかげで雑菌を退治しながら育つので、黒麴菌は泡盛や焼酎造りに使われているのです。学名のluchuensisは泡盛を造っている琉球（沖縄）にちなんで名づけられました。

そして、黒麴菌の突然変異として誕生したのが白麴菌（Aspergillus luchuensis mut. Kawachii）

です。発見者の河内源一郎（かわちげんいちろう）氏の名前からとられています。こちらもクエン酸を生み出す力が強く、そして黒色がつかないということで、焼酎造りに用いられています。

2024年に話題になった紅麹菌は、お酒造りに使われる黄麹菌とはまったく異なる菌です。学名をMonascus purpureusと言って、Aspergillusではないのですね。まだ菌のことが良くわかっていなかった昔は、お米などについて繁殖する菌をまとめて「麹菌」と呼んでいました。その名残で紅麹菌と呼ばれているのです。名前の通り紅色、場合によってはピンク色なので、お酒では着色が目的で、米麹の一部に紅麹が用いられることがあります。

少し話が長くなりましたが、特殊な麹菌を用いるやり方というのは、白麹菌を使って米麹を造るのです。本来なら焼酎造りに特化していますし、でんぷんを糖分にする力は弱いのですが、黄麹菌がほとんど生み出さないクエン酸を大量に生成するのが魅力なのですね。そのため、お酒に酸味が加わり、油の多い料理にも合う日本酒になるのです。

昔は日本酒にはそこまで酸味を出さないのが良いとされていたのですが、今は食生活も変化したため、酸味のあるお酒の方が料理に合うケースが増えました。そのため、少し酸味を出したいときにも、米麹の一部を白麹菌のものに置き換えるお酒が増えてきたのです。

したがって、お酒の名前に「白麹」という文字があった場合、白麹菌の米麹を一部もしくは全部に使っている、という意味になります。この場合は、酸味がしっかりとしたお酒に仕上がっていると覚えておきましょう。「黒麹」と書かれていた場合も同様です。

〈酛・酒母造り〉特殊な製法で造られる酛がある

【生酛・山廃酛(やまはいもと)】

アルコールを生み出す酵母をたくさん増やすため、まず「酛(酒母)」を造ります。この酒母は、酒母室と呼ばれる部屋で造るのですが、密閉空間ではないため、どうしても空気中のさまざまな菌が入り込みます。たとえば酵母は酵母でも、日本酒造りに特化していない、空気中にいる酵母(野生酵母)ですね。手作り系のパン屋さんでは、発酵に野菜や果物の表面に付着した酵母を使って「天然酵母」を謳ったりしているように、あらゆるところにさまざまな酵母が存在しているのです。そのため、乳酸で殺菌をすることを五時間目で学びました。

この乳酸は醸造用乳酸として販売されています。あらかじめ別の所で乳酸を製造しておき、高濃度にしたものをお酒造りに活用しているのです。

一方で、この乳酸もお酒造りの最中に造るやり方があります。乳酸は乳酸菌が生み出すものなので、蔵や自然の中にいる乳酸菌を取り込み、最初に乳酸菌を育てるのですね。このようなやり方で造られる酛が「生酛」「山廃酛」です。

生酛造りのように天然の乳酸菌をお酒造りに参加させるためには、乳酸菌が繁殖しやすい環境を造らなければなりません。そこで行われるのが「山卸し（別名・酛摺り）」という作業です。櫂を使ってひたすら麹と蒸米をすり潰す重労働で、こうすることでお米が溶けやすくなり、麹が働きやすくなって糖度が上がり、乳酸菌が糖分から乳酸を造りやすくなるため育ちやすくなるのです。

この山卸しですが、研究によって、やや温度を高く、水分を多めにして、さらに麹の酵素を水の中に溶かして水こうじと呼ばれる状態にすることで、行わなくても従来のものと遜色ない味わいのお酒が造れることがわかりました。そうして明治42年（1909年）に誕生したのが「山卸し廃止酛」略して「山廃酛」です。

山廃酛は山卸しをせずに水を多く、温度を高めにしている分、雑菌や野生酵母が繁殖しやすい環境でもあります。そのため、どうにかして野生酵母の繁殖を防がないと、失敗してしまう難しい製法なのですね。そこで、硝酸還元菌を活用します。

硝酸還元菌は主に井戸水の中などに存在している菌で、亜硝酸を生み出します。この亜硝酸には他の菌の繁殖を抑制する効果があるため、雑菌や野生酵母が増えるのを防ぐことができるのです。大まかに殺菌できると考えるといいでしょう。なぜ井戸水に存在しているかというと、硝酸還元菌は硝酸を亜硝酸にするので、そういったミネラルが含まれていない綺麗すぎる水や水道水には住めないからです。かくして、まずは水の中で硝酸還元菌の時代がやってくると考えるといいでしょう。

このままでは硝酸還元菌の天下になると思いきや、硝酸還元菌には乳酸に弱いという弱点があります。というわけで、空気中の乳酸菌が入り込み、乳酸を生み出すと少しずつ硝酸還元菌は退治され乳酸菌の時代がやってきます。より正確に言うと、まずは亜硝酸に弱い球状乳酸菌が増え、その後に亜硝酸に強い桿状（かんじょう）乳酸菌が増えます。そして硝酸還元菌やその他の雑菌を退治した後に、日本酒用の酵母が育つのです。酵母はアルコールを生み出しますが、それによって乳酸菌が退治されるのですね。つまり、それぞれの菌が生み出す物質が、前に天下をとっていた菌の弱点であるため、このような菌のリレー状態になるのです。

　このように、菌を巧みに利用して山廃酛は造られます。ただし、井戸水などを仕込み水として使っているところは問題ないのですが、あまりに綺麗すぎる水を使っている蔵では硝酸還元菌がうまく育ちません。そのため、水に硝酸カリウムを添加してミネラルを増やす手法が生み出されました。これによって衛生状態が劇的に改善され、山廃酛を造るときに失敗することがないようになったのです。もちろん、硝酸カリウムを加えるといっても人体に影響が出る量を加えているわけではありません。水質を少しだけ硬水寄りにしていると考えればいいでしょう。

　ちなみに生酛には必要ないのかというと、生酛でもこれらの作用を活用しています。ただ、水が少ない分糖度や酸が高く、空気が入りにくい生酛は雑菌が繁殖しにくい環境だということがわかってきました。そのため、あまり水質調整をしていない蔵もあります。

　このように、生酛や山廃酛では菌同士の戦いがずーっと続いている分、

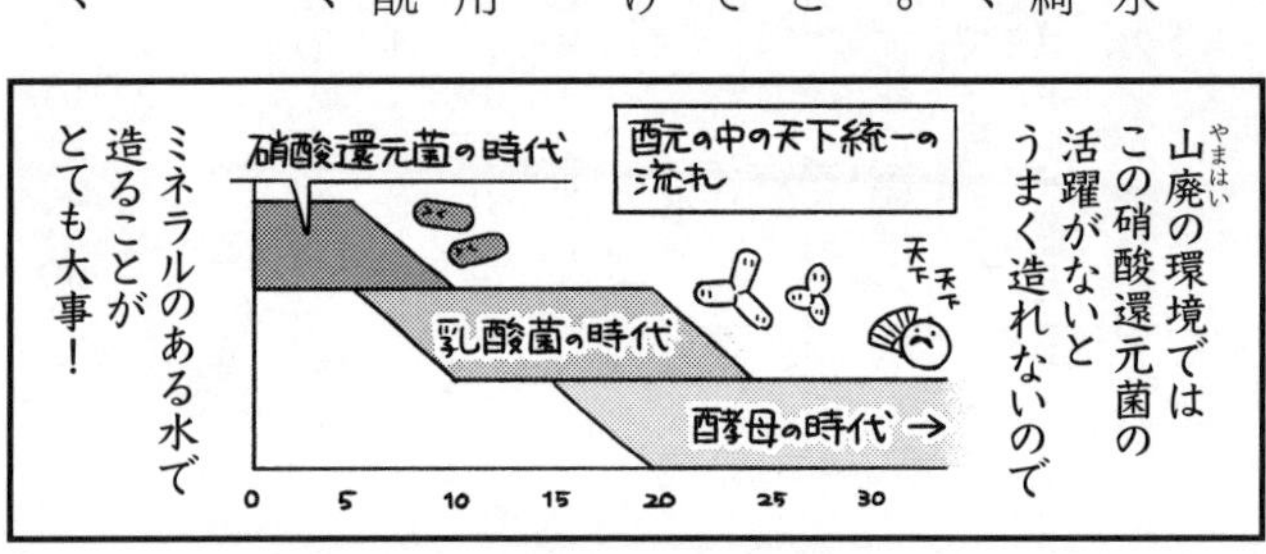

星海社COMICS『白熱日本酒教室』2巻47ページより

生命力が旺盛で最後まで発酵をしっかりできるお酒ができあがります。さらに、さまざまな菌が活動していた分、複雑で深みのある味わいになりやすいのです。旨味や酸味のあるお酒になりやすいのですね。

【速醸酛】

生酛・山廃酛は乳酸菌を育てなければなりません。そうなると当然、育てるのに失敗したり、他の菌が先に繁殖してしまう危険性があります。

ここでもう一度お酒造りを考えてみましょう。他の菌を殺菌するために必要なのは、あくまで乳酸です。乳酸さえ入手できれば、必ずしも乳酸菌を育てる必要はないのです。そこで、別のところで乳酸を生成しておき、乳酸菌を育てずに乳酸のみを添加すればいいということがわかりました。これが「速醸酛」です。

確実に乳酸を使えるので失敗（腐造）になることも少なく、乳酸菌を育てる時間を省略できるので、その分速く造ることができます。具体的には、酛造りに生酛・山廃酛が約4週間かかるところ、速醸酛では約2週間でできあがるのです。そのため、現在の日本酒造りにおいては速醸酛が主流となりました。だいたい市場に出回っている日本酒の約9割が速醸酛です。生酛・山廃酛などは残りの1割ほどなのですね。したがって、ラベルに「生酛」等、特殊な「酛」が書かれていなかったら、この速醸酛で造られていると考えるといいでしょう。速醸酛のお酒はスッキリとしていて雑味が少ないお酒になる傾向があります。

ちなみに生酛は江戸時代中期に造り方が確立したと言われています。山廃酛は明治42年に開発されました。速醸酛は明治43年（1910年）です。現在の日本酒で主に使われている「酛」は明治時代以降に揃ったと言うことができます。

【菩提酛（ぼだいもと）・水酛（みずもと）】

生酛よりももっと古い「酛」に「菩提酛」があります。室町時代中期に奈良県の菩提山正暦寺で開発されましたのでこの名がつきました。

菩提酛を造るには、まず使用する米の一部を炊き、冷ました上で残りの生米の中に埋め、水に漬けて数日間放置します。これが乳酸菌の育つ環境となるのですね。空気中の乳酸菌が入り込み、乳酸が入っている酸性の水になります。この水を「そやし水」と言い、そやし水を使って酛を造るのです。そうすることで、乳酸を添加したのと同じように雑菌を退治し、酵母にとって理想的な環境にでき、酛を造ることができるのですね。この手法で造られた酛を「菩提酛」もしくは「水酛」と言います。

菩提酛は寒すぎると乳酸菌がうまく育たず、造ることができません。そのため、比較的暖かい季節に造られます。一方の生酛は、温度をコントロールしやすい寒い季節に造られるので「寒造り」とも呼ばれています。

なお、一度造り方はほぼ途絶えていたのですが、昭和末期に奈良県と岡山県で、それぞれ別々に菩提酛を復活させるプロジェクトが発足。現在では奈良県版の菩提酛と岡山県版の菩提酛とがあります。簡単に言うと、奈良県版は生米と炊いた米と水を使ってそやし水を造るのに対し、岡山県版は米麹と水でそやし水を造り、一度加熱殺菌をして使用するというやり方の違いがあります。米麹には麹菌だけでなく、乳酸菌も入っているためですね。ただし、さらに他の菌も入っているので、一度加熱殺菌をしてから使用するというわけです。菩提酛（水酛）のお酒は、酸味がしっかりとした、個性的な味わいになる傾向があります。

【高温糖化酛】

「高温糖化酛」もしくは「高温糖化酒母法」は、弱い酵母を使ってお酒を造るための技術として生み出されたものです。「高温糖化法」と非常に間違いやすいので、注意してください。高温糖化酛は高温糖化酒母とも言います。

高温糖化酛は1947年に、広島県の中尾醸造4代目の中尾清麿（なかおきよま）氏によって開発されました。中尾氏はリンゴから採れたリンゴ酵母を使って日本酒を造ろうとしていたのですが、非常に菌として繁殖力が弱く、そのままでは蔵付きの酵母に負けてしまいます。そして、従来の製法ですと、どうしても米麹を造る際に付着していたり、道具に付着していたりして、蔵付酵母（蔵に住んでいる酵母）が入り込んでしまっていたのですね。そもそも、酵母以外の雑菌を退治することを目標に日本酒造りは進化していたので、酵母を退治することができなかったのです。

そこで温度を使って酵母を退治することを考えました。酛を造る際に、蒸米と米麹と水を合わせる最初の工程で、温度を55℃にし、8時間保ちます。55℃はさすがの蔵付酵母も生きていけない温度帯なので、完全に酛を無菌状態にすることができます。麹菌も死んでしまう温度のため、お米のでんぷんを糖分に分解する糖化ができないように思えますが、麹菌の持つ酵素は60℃で失活する（反応を起こさなくなる）のです。ということは、55℃だとギリギリで酵素が働き、でんぷんを糖分に変えてくれるのですね。したがって、55℃という温度は、酵母菌すら退治し、無菌状態にする上に、糖化だけは進んでいくという絶妙の設定なのです。

8時間ほどかけて殺菌と糖化を終えると、20℃に冷やしてリンゴ酵母を添加します。これを約10日間かけて培養することで、リンゴ酵母のみの酛が完成するというわけです。これが高温糖化酛の原理です。

「高温糖化酛」と書かれていた場合、非常に弱かったり繊細だったりする酵母が用いられているんだな、と思うといいでしょう。

〈もろみ造り〉仕込みの回数が異なるものがある

酛ができたら発酵タンクに移して蒸米、米麹、水を加え、もろみを造ります。その際、一気に加えると酸も薄まるし酵母も薄まるので雑菌の混入を許すことになってしまうため、3回に分けて仕込むというのを五時間目で学びました。三段仕込みですね。

　このとき、仕込む回数を変える造り方があります。その回数に応じて○段仕込みという名前がつけられます。一段仕込みや四段仕込みなどが多いでしょうか。十段仕込みも存在しています。

　四段仕込みの場合は、加えるのは通常の蒸米ではなく、もち米や甘酒などを加えることがあります。仕込みの最後は、酵母の発酵する力が弱まっていることも多いため、ちょっと温度が高めで糖分が多いもち米などを加えてもうひと頑張りしてもらうのですね。そこで糖分をたくさん加えることになり、さらにもうひと頑張りしてもすべては分解できないため、四段仕込みの多くは糖分が多く残ったお酒になります。つまり、四段仕込みとあったら甘めのお酒になっていることが多いのです。十段仕込みのように、三段よりも段数が増えているのも、糖分が多い甘めのお酒になると思うといいでしょう。

　一方の一段仕込みは、蒸米や米麴、水を1回しか加えない仕込み方です。酛が含んでいる酸味が十分に薄まらないため、酸味が強めで、なおかつ糖分もしっかり残っている、甘酸っぱいお酒になる傾向があります。

〈もろみ造り〉仕込みの水をお酒に代えて造る貴醸酒

前述の通り三段仕込みなどでもろみを仕込む際に加えるのは蒸米、米麹、水です。このとき、水だけを加えるのではなく、そこに日本酒を加える製法があります。主に三段仕込みの三段目（留添）で加えるのですね。この製法で造られたお酒を「貴醸酒」と言います。

なぜこのような製法が生まれたのか。諸説あるのですが、菌のことがそれほど解明されていなかった大昔には、良いお酒ができたらそのお酒をとっておいて次のお酒に加えて造ると、新しいお酒もおいしくなったという経験からきていると思われます。つまり、おいしいお酒を醸した酵母が新しいお酒にも加わったということですね。何度もそうやって少しずつ加えられていくお酒の代表的なものは「八塩折の酒」という、八岐大蛇伝説で大蛇を寝かせたお酒があります。「八」というのはたくさん（八百屋とか、八百万とか）という意味なので、なんども重ねて造ったお酒という意味ですね。

現在の貴醸酒は、そういう経験則だけで造られているわけではありません。実は、アルコールを造る酵母は、ある程度以上のアルコール濃度になると、自分で造り出したアルコールによって死んでしまうという性質があります。アルコールが殺菌に使われていることはご存じですよね。なので、酵母もアルコールによって死んでしまうのです。これが、日本酒などの醸造酒のアルコール度数が一定以上にならない理由でもあります。

　貴醸酒造りでは水の代わりに日本酒を加えることで、アルコールが足され、本来ならば分解していたはずの糖を分解する前に酵母が死んでしまうのです。その結果、糖がたくさん残り、甘い味になります。さらに加えられた日本酒の旨味などもあわさって、貴醸酒は少しとろみのある、濃醇（のうじゅん）な味わいのお酒になります。

〈麹米・掛米・酒母米〉米の割合を変えて造るものがある

　五時間目で、米麹を造るときに使う米を「麹米」と呼ぶとお話ししました。麹米は、日本酒造りに使われるお米のうちの約20%ほどを用います。そして、三段仕込みなどで追加投入するお米は「掛米」と言い、全体の約70%ほどになります。残りの10%弱は酛（酒母）造りに用いられています。

　これらのお米の割合は日本酒の味わいを大きく左右することになります。そのため、醸すお酒、目指す酒質によって配合が変わることがあるのです。たとえば、麹米の割合がとても多く、40%近くになっているお酒もあったりするのですね。さらには、ほぼ全量を麹米で造る「全麹」のお酒もあります。ここで「ほぼ」と言っているのは、日本酒と名乗るためには「米麹」だけでなく「米（この場合は掛米を指しています）」を使う必要があるからです。そのため、ほんの少しだけ掛米を使い、あとは麹米で造ったものが「全麹」の日本酒となっているのです。

麹米の割合が多いとどうなるでしょうか。簡単に言うと、糖化が進みやすくなると共に、お米のタンパク質をアミノ酸に分解する力も強くなるため、旨味（アミノ酸）も増えます。さらに、場合によっては酸も多めに出たりします。というわけで、麹米が多いほど、濃醇な味わいになると思うといいでしょう。

さらに近年では酒母の割合を高めたお酒も登場しています。酒母の割合を高めると、酵母が多いため、初期からアルコールがたくさん生み出されます。アルコールには殺菌作用があるため、ある程度以上にアルコールが増えると、酵母も死んでしまいますよね。そのため、初期にアルコール濃度が高いと、結果として最後まで発酵を続けたお酒よりも低アルコールに仕上がります。低アルコールということは、分解されていない糖分がたくさんあるということでもあり、さらに酒母に含まれている乳酸などの高い酸度によって、低アルコールで甘酸っぱいお酒に仕上がる傾向があるのです。「酒母しぼり」「酒母仕込み」といった名前があったら、低アルコールで甘酸っぱいと思うといいでしょう。

六時間目のまとめ

日本酒の各工程では、通常の
やりかたとは異なる「特別なこと」を
することがある

◆

「特別なこと」をすると味が
変わるので、それを名前にも
反映させている

◆

麹造りでは黄麹菌だけでなく、
白麹菌や黒麹菌を使うことがある

◆

酛造りでは、
さまざまな酛の造り方がある

◆

もろみ造りでは仕込みの回数が
異なるものや、水の代わりに
お酒を使うものがある

◆

麹米などの割合を変えて
造るものがある

仕上げの工程で味が変わり、名前がつく

七時間目では、いよいよ仕上げ工程での特別な製法について学んでいきます。発酵が終わったのに、特別な製法があるのかと思われるかもしれませんが、これもたくさんあるのですね。例によって五時間目（P82）の日本酒造りの基本的な流れを参照しながら読み進めてください。

〈しぼり〉しぼる方法で味が変わる？

もろみができあがり、発酵が進んだら、「清酒」と「酒粕（さけかす）」に分離しなければなりません。もろみの中には溶けきらなかった米や麹が入っているので、漉しとらなければならないのですね。そこで行うのが「しぼり」です。この作業のことを「上槽」とも言います。

しぼりに用いられるのが「酒袋」という袋です。麻（あさ）や木綿（もめん）、化学繊維を粗めに織った布でできていて、お酒を通し、酒粕は通さないという絶妙な粗さになっています。この袋にもろみを入れて、しぼればお酒はできあがります。ただし、そのしぼり方にさまざまな方法があり、それで味が変わるんです。

具体的には「力を入れてしぼるほど、布の成分や香りがお酒に移る」と考えるといいでしょう。どんなに酒袋を洗っても移ってしまうんですね。ただし、「時間がかかるほどお酒が空気に触れて変化（酸化）する」のです。時間も力もかけずに一気にしぼれれば一番良いのですが、そうはいかないので力を加えて一気に時間をかけずにしぼったり、その逆を行ったりします。見ていきましょう。

【ヤブタ式】

もっとも一般的なのが、「ヤブタ式自動圧搾濾過機（あっさくろか）」を用いるしぼりです。板が縦にたくさん並んだような機械で、酒袋がその間にセットされています。もろみを注入して、スイッチを押すと空気の力で板が膨らみ、また横から圧力を加えることで酒袋が押されてしぼることができるのです。後には板状に壁に張り付いた酒粕が残ります。よく売られている板の酒粕は、ヤブタ式でしぼられた酒粕なのですね。

ヤブタ式のメリットは、効率良くしぼることができることです。しぼり時間は圧倒的に短く（後述の槽（ふね）しぼりの半分以下に短縮されます）、空気に触れる時間が短くなるため、それによる品質向上が見込まれます。また、酒蔵側のメリットとして、もろみの注入からしぼりまでを機械で自動化できるため、蔵の人達の負担が減ることが挙げられます。しっかりとしぼることができるため、より多くのお酒が分離できるのも大きいでしょう。

昔は機械で圧力をかけるところから、布の香味が移り、雑味の混じったお酒になることもありました。最近では圧力をかけすぎないように調整することでそのようなこともなく、さらにはヤブタをそのまま冷蔵庫に入れてもろみを低温状態でしぼるといった工夫をする蔵も登場してきています。そうすることでフレッシュで綺麗な味わいのお酒になるのですね。

このヤブタ式はもっとも一般的な方法なので、ラベルには特に明記されていません。しぼりについて何も書かれていなかったらヤブタ式だと考えるといいでしょう。

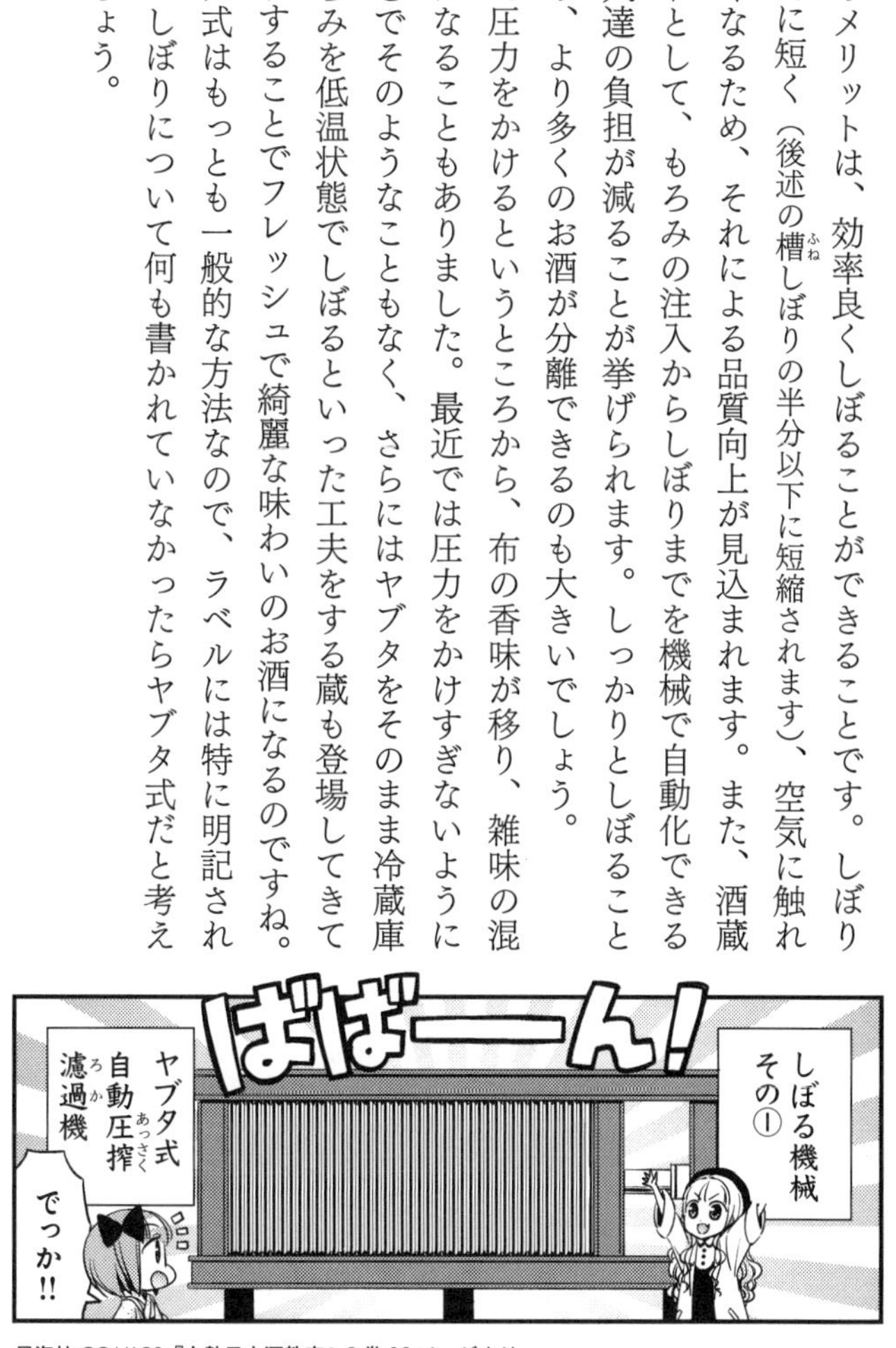

星海社COMICS『白熱日本酒教室』2巻83ページより

【槽しぼり】

ヤブタ式が登場する前（1960年代以前）には主流だったのが、酒袋を「槽」に敷き詰めて蓋をしてお酒をしぼる「槽しぼり」です。お酒をしぼることを上槽というのも、この槽しぼりからきているのですね。

最初はもろみの自重と蓋の重さで、途中から機械などを使ってゆっくりと圧力をかけてしぼります。酒袋にもろみを入れたり、規則正しく槽に敷き詰めたりするのは手作業でやらなければならず、大変手間のかかる作業です。ですが、無理に圧力をかけずにお酒をしぼれるため、雑味が少なく、口当たりの優しい味わいのお酒になります。

ヤブタ式の登場以来、用いられることが減っていたのですが、圧力をあまりかけずにしぼったお酒の酒質が見直され、使用を再開するところも増えてきました。そのため、ラベルに「槽しぼり」と明記されているのです。

【雫（しずく）どり・袋吊り・斗瓶囲（とびんかこ）い】

槽しぼりよりもさらに手間暇のかかるやり方が「雫どり」です。雫しぼ

星海社 COMICS『白熱日本酒教室』2巻82ページより

り、袋吊り、斗瓶囲いともいい、用いていたらラベルに明記されることが多いしぼり方です。

小さいタンクの上に木の棒を通し、そこに酒袋をたくさん吊します。このとき、なるべく空気に触れる面積を少なくするためと、お酒を採る時間をできるだけ短くするために、びっしりと隙間なく吊さなければなりません。そのあとは、圧力を加えずに重力でぽたぽたと落ちてくる雫（お酒）だけを集めます。集めたお酒は斗瓶（1斗＝10升＝18ℓ）に入れるので、斗瓶囲いともいうのですね。

まったく圧力がかかっていないぶん、非常に雑味の少ない綺麗な酒質になります。ただし、効率は悪いので、鑑評会出品用のお酒など限られたお酒に用いられることが多い手法です。

【遠心分離】

酒袋を用いずにお酒をしぼるやり方もあります。代表的なのが遠心分離機でしょう。この機械は、簡単にいうと洗濯機の脱水機能を大規模にしたようなものです。もろみを入れて、毎分約2000回転させると、遠心力によって酒粕が外側にはりついて分離するのですね。そのあと、お酒だけを吸い出します。

メリットとしては、酒袋を使っていないため、布由来の香りがまったくつかないことでしょう。さらに密閉状態で分離をするため、香りの成分がとんでいかず、豊かな香りのお酒になります。

導入コストが非常に高いため（1000万円以上）、採用している会社は少ないのですが、ラベルに明記されていたら注目をしてみてください。

〈しぼり〉タイミングによって味が変わる？

酒袋に入れてしぼるやり方では「力を入れてしぼるほど、布の成分や香りがお酒に移る」と言いました。そして、槽しぼりでは「最初はもろみの自重と蓋の重さで、途中から機械などを使ってゆっくりと圧力をかけてしぼる」ことも学びました。これはつまり、圧力をかけているところと、そうでないところとで、お酒に移ってしまう布の香味の量が変わることを意味します。つまり、お酒をしぼる際に、最初に出てきたお酒と、最後の一滴までしぼろうとしている部分のお酒では、味わいが変わることを意味するのです。

通常は、同じ商品の中で、つまりは同じタンクのお酒で味わいが変わると消費者が混乱をしてしまうため、味の変わる部位をすべてブレンドして味を調えます。ですが、こういう傾向の味わいが好きという人のために、「最初にしぼった部分」「中間でしぼった部分」「最後にしぼった部分」を分けて販売することもあるのです。そして、それらには特別な名前がついているのですね。それが「あらばしり」「中取り」「責め」です。

この「あらばしり」「中取り」「責め」は正確な量が定められているわけではありません。各酒蔵の裁量で、このあたりまでがあらばしりで、それ以降は中取りというように決めています。ということは、いわゆる「あらばしり」の風味がすると蔵が判断した部分に「あらばしり」と明記されているのです。つまり、ラベルのこれらの表記は味の傾向的には例外が少なく、とても信頼できるということが言えます。

ラベルに「あらばしり」等の記載がない場合は、すべてブレンドされたお酒です。味わいの違いを楽しみたいときには、記載があるお酒を選びましょう。

【あらばしり】

あらばしりは漢字で書くと「荒走」「荒ばしり」という、しぼりの最初に出てくる部分のことです。最初の部分なので少し「おり」という、分離しきれなかったり溶けきれなかった細かい米の成分などが多めに含まれています。

さらに炭酸ガスも多く含んでいるのが特徴です。アルコール発酵のときに生じた炭酸ガスはお酒の中に溶け込んでいるのですが、非常に不安定なので（少しの衝撃で炭酸水などは炭酸が噴き出しますよね）、酒袋に付着したりして、しぼっている最中にもどんどんお酒から抜け出ていきます。それが、最初の部分はまだたくさん含まれているというわけですね。口にしたときにピリッとした刺激を感じる、フレッシュで力強いお酒です。

なお、例外ではあるのですが、新米で仕込み、その年の一番初めに造るお酒のことを「あらばしり」と呼ぶこともあります。どちらにせよ、フレッシュで力強い、やや「おり」があるお酒と思うといいでしょう。

【中取り・中汲み・中垂れ】

中取りは「中汲み」や「中垂れ」ともいいます。あらばしりの部分、すなわち「おり」がある部分を過ぎると、だんだん出てくるお酒が透明になっていきます。この透明な部分が「中取り」なのですね。真ん中辺りなので「中取り」なのです。

見た目も綺麗で不純物もほとんど含まれておらず、バランスのとれた落ち着いたまろやかな味わいがします。そのため、鑑評会出品酒などは（「雫どり」でしぼった上での）「中取り」が定番です。

【責め】

責めは「後取り」や「押し切り」ともいいます。圧力をかけていないと、だんだんしぼれるお酒の量が少なくなっていきます。そこで、強い圧力をしっかりかけて最後までしぼった部分を「責め」と言います。このとき、もろみに含まれているさまざまな成分なども強引にしぼられるし、酒袋の布の香味も移るため、複雑な味わいになるのです。濃厚で力強いお酒と考えるといいでしょう。

〈しあげ〉お酒内の不純物をも味に利用する

「あらばしり」の項で、「おり」の話をしました。しぼりで分離をするものの、お酒の中には布の目を抜けてしまったりした細かい浮遊物があるのです。その正体は溶けきれなかったお米の粒のかけらや酵母です。

おりはタンクに入った状態で、静置することで取り除きます。おりはお酒よりも重いため、沈殿していくのですね。数日かけて沈殿させたら、タンクについている上の口からお酒を取り出したり吸い出したりすることで、おりのないお酒だけを取り出せます。この、おりを取り除く作業が「おり引き」です。

おりが入った状態の、全体的に霞がかかったように見えるお酒を「おりがらみ」と言います。蔵によっては、「かすみ（霞）酒」「うすにごり」と呼ぶこともあります。

味わいは、おりとしてお米の粒などが入っている分、濃厚な味わいになることが多いです。主に新酒の時期である冬に販売されることが多いのですが、見た目の爽やかさから、夏のお酒として売られることもあります。

「おり」よりも、もっと多い米の粒などが入ったお酒が「にごり酒」です。しぼりの際に、目の粗い布やザルなどで漉すことによって、より多くの成分がお酒に含まれるのですね。つまり、本来だったら酒粕として分離されるものが多く含まれているのです。その分、おりがらみよりもさらに濃厚な味わいのお酒になります。

にごり酒の中でもさらに特殊なものが「活性にごり酒」です。この場合の「活性」は酵母が生きているという意味で、完全に酵母が死んでからではなく、発酵している最中のもろみをしぼります。瓶に詰められて販売されてからも酵母は発酵を続けるのですね。酵母の働き、すなわち「糖を分解するとアルコールと二酸化炭素になる」ことを続けるのです。そのため、瓶内のお酒の中の糖分は少しずつ減り、アルコール度数は少しずつ上がり、炭酸ガスが次々と生み出されていきます。そのため、瓶が爆発しないように蓋にガス抜きの穴が開いていて、横倒し厳禁となっているものもあります。冷蔵庫でも縦に保管するようにしましょう。炭酸が効いた、濃厚な味わいのお酒を飲みたいときは活性にごり酒がおすすめです。

〈しあげ〉もっとお酒を綺麗にしよう（炭濾過・無濾過）

おり引きをしましたが、これだけで完全に綺麗なお酒ができあがるわけではありません。濾過器を使って濾過を行い、異物を完全に取り除く作業が必要になります。

その際に用いられるのが「活性炭」。水蒸気などで加熱することにより、微細な穴が無数に開いた炭の粉で、これをお酒に投入します。すると、その穴にわずかに残ったおりなどを吸着してくれるのです。捕まえにくいほど細かいものなら、少し大きな物に吸着させてしまえばいいというわけですね。あとは濾過器で活性炭を取り除けば、おりのまったくない綺麗なお酒になります。

活性炭の吸着力は非常に強く、お酒の香り成分や、色の成分も取り除くことができます。実は日本酒はできあがった直後は無色透明ではありません。原材料由来だったり、日光だったり、時間が経つ（熟成）だったりとさまざまな理由で少し山吹色がかったような色合いをしているのです。活性炭を使うことで、これを無色透明にできるのですね。どうしても山吹色だと「熟成されている」と消費者が思ってしまうため、色を取り除いているという面があります。しかし、使いすぎると味が弱くなってしまったり、炭の香りがお酒についてしまうのです。お酒によってどれだけ香りや色を除去したいかは異なりますので、炭の量や種類を変えて予備試験を行い利き酒をした上で、慎重に量を決めます。

この濾過作業を行わない場合は「無濾過」と明記されます。少し山吹色がかっていて、味わいも香りも強くなります。無濾過と明記されていない場合は濾過されていると考えるといいでしょう。

ただし、少しややこしいのですが、活性炭を使わずに濾過器で異物を取り除く作業だけをしたお酒があります。この場合は「素濾過」と表記されたり、こちらも「無濾過」と表記されることがあります。いずれにせよ、ラベルに何も書かれていない（炭濾過をしている）お酒に比べると、少し味わいが強くなると考えましょう。

〈しあげ〉加熱殺菌をする回数やタイミングで味が変わる

濾過をしてお酒が綺麗になり、これで完成と思うかもしれません。もちろんこの段階でもおいしく飲めるのですが、「商品」として販売するためにはこれだけではダメなのです。できたてのお酒は味わいが変化しやすいため、流通にのせて各家庭に届けられるまで、品質を保持できるようにしなければならないのですね。そこで行うのが「火入れ」です。火入れと聞くと、直接火にかけてぐらぐらと沸騰させるイメージがあるかもしれませんが、実際には湯煎で60℃から65℃ほどの温度にします。

しぼったお酒を濾過しても、もしかしたら酵母が残っている可能性があります。さらに、酵母が死んでいても、酵母が持っていた酵素がまだ活動を続けているかもしれないのです。そうなると、お酒の味が変化してしまうのですね。そこで、火入れをすることによって、酵母や残存酵素を失活させる（活動できなくする）のです。

もうひとつ、火入れには重要な役割があります。それは、お酒を腐敗させる「火落ち菌」などの菌を退治することです。火落ち菌は乳酸菌の一種ですが、アルコール耐性がやたらと高く、お酒の中でも繁殖できます。そして、しぼって濾過をした段階では、酵母はほとんど生きていません。ということは、火落ち菌が混入すると、ライバルがいないため繁殖し放題になってしまうのです。

火落ち菌が繁殖したお酒は白くにごり、お酢のように酸っぱい味わいになり、ツンとする異臭が生じます。飲んでも健康に害があるわけではないのですが、味わいや香りが変わってしまうため、端的に言って商品にはなりません。昔は、火落ち菌が発生すると、蔵が廃業に追い込まれることもあったぐらい、厄介な菌です。

この火落ち菌を退治するためにも火入れは重要なのですね。念入りに火落ち菌を退治するために、火入れは2回行われます。具体的には、濾過の前後に1回と、いったん貯蔵させてお酒を落ち着かせた後、瓶詰めの前にも行われます。

この火入れのタイミングや回数によって、味わいが変わるので、通常のタイミングで2回やるのではなく、特別な方法をとった際に名前がついているのです。

「生酒」は2回の火入れを一度も行わないお酒に対してつけられます。酵母や残存酵素や火落ち菌はどうなるのかと心配する方もおられるでしょう。酵母や残存酵素に関しては、現在では優れた濾過器によって、取り除いているお酒があります。そうでないお酒は、早めに飲んでもらうことを前提として出荷されるのです。時間が経つとこれらによって味が変化するので、早く飲んでくださいというわけですね。

そして火落ち菌に関しては、まず衛生環境を整えて、入り込めないようにして造っているということがひとつ挙げられます。そして、火落ち菌は60〜65℃で死滅するのですが、実は10℃以下になると活動がにぶり、繁殖できない性質を持っているのです。つまり、流通経路からお店で並んでいるときまで、常に10℃以下の冷蔵状態であれば火落ち菌は繁殖できません。そのため、生酒は必ず「要冷蔵」とラベルにも明記されています。

火入れをどちらか1回だけ行うものに対しても、特別な名前がついています。濾過の前後には火入れをせず、貯蔵した後、つまり瓶詰めの直前に火入れをするのが「生貯蔵酒」です。生酒の状態で貯蔵しているから生貯蔵酒ですね。

一方で、濾過の前後に火入れをして、瓶詰めの前には火入れをしないのが「生詰酒(なまづめしゅ)」です。詰めるときは生なので、生詰めというわけです。生貯蔵酒も生詰酒も、生酒と同じく要冷蔵です。

では、生酒、生貯蔵酒、生詰酒、そして通常の火入れを行ったお酒の味わいの違いはどうなのでしょうか。

火入れを行うと、品質は安定しますが、失われるものもあります。ひとつは香り。香りの成分は温度が高いほど外に出てしまいますので、温め続けるとしぼりたてのフレッシュな香りが飛んでしまうのです。さらに、年月を経たお酒が茶色くなるのと同じようなお酒の変化が促進されてしまいます。色も変わってしまうのですね。そのため、加熱時間はできるだけ最小限にした方が、お酒の変化が少なくなるということを覚えておきましょう。

各蔵ではこだわりの火入れ方法があり、湯煎で行ったり、蛇管と呼ばれる金属パイプをぐるぐる巻いた器具をお湯に沈め、そこにお酒を通して温める方法もあります。さらにはプレート式熱交換器（プレートヒーター）などを用いて、できる限り急速加熱、急速冷却を行うところもあります。

というわけで、火入れの回数が少ないほど、爽やかな香りなどがするお酒になるのです。

生酒（火入れ0回）は、華やかな香りと爽やかな酸味を持つ、フレッシュなお酒になる傾向があります。たとえるならば、牧場で飲む搾りたての牛乳のようなものでしょうか。火入れを2回したお酒が、スーパーなどにならぶ通常の牛乳と考えると味わいの違いがわかりやすいかもしれません。

生貯蔵酒（火入れ1回）は、生酒に比べるとやや落ち着いていますがフレッシュ感、つまり華やかな香りと爽やかな酸味があります。生詰酒（火入れ1回）も生貯蔵酒と同様に、やや落ち着いたフレッシュ感があります。

そして通常の日本酒（火入れ2回）は香りも味わいも落ち着いています。ゆっくりじっくり日常的に飲むのに向いているお酒というわけですね。

なお、この「生酒」などの他に、特別な火入れ方法として「瓶燗火入れ（びんかんひいれ）」があります。お酒を先に瓶詰めして、お燗にするように、お湯にひたして火入れする方法です。蓋をしている分、香りが逃げず、フレッシュな香りが残るという特徴があります。通常の火入れをしている場合はラベルには何も記載されていないのですが、瓶燗火入れはしっかり記載されているので、確認してみてください。

〈しあげ〉味をまろやかに調整するために加水や調合をする

貯蔵は火入れの前後に行われる、半年近くお酒をタンクに入れて置いておく工程です。そうすることで、お酒のアルコールと水がよくなじみ、角がとれてまろやかな味わいになるのです。

このとき、水を加えることがあります。上槽後に水を加えることを「割水」ともいいます。水を加える目的は、アルコール度数の調整です。実は日本酒は醸造酒の中では突出してアルコール度数が高く、この段階では18～20％ほどになっていることも少なくありません。ビールが5％、ワインが14％前後と考えると、いかに高いかがわかりますよね。これだけアルコール度数が高いと、少し飲みにくいことも事実です。そのため、飲みやすくなるように、アルコール度数15～16％ぐらいになるまで割水を行うのです。

ここで水を加えると、せっかくの味わいが薄まってしまうと考えるかもしれません。ですが、ほとんどのお酒は割水をすることを前提にして、やや濃い状態で仕上げているので、水を加えることは香味の調整を行うことでもあるのです。つまり、水を加えると全体的にアルコール度数も抑えられて飲みやすくなるというわけですね。もちろん、加えた水がしっかりとお酒になじむように、貯蔵の前に行うのです。

この加水をしていない、そのままの濃いお酒を楽しみたいと思う方もいるかもしれません。そういう方は「原酒」とラベルに書いてあるものを選びましょう。原酒は割水を加えていません。濃厚な味わいの日本酒になります。

また、貯蔵する際には「調合」も行われます。あらばしり等の項でもお話ししましたが、しぼるタイミングでも味が変わります。さらには、同じレシピで造っていても、発酵のわずかな違いなどで、タンクが違うと味が微妙に異なることもあります。これをすべて同じ商品として出すと、消費者側が「同じ商品のはずなのに、味が違う……？」と混乱してしまいますよね。また、毎年販売されている定番のお酒などは、いつ誰が飲んでも「いつもの味」でなければなりません。そのため、各タンクなどのお酒をブレンドし、味の調整を行わなければならないのです。これが「調合」です。

なお、日本酒に詳しい人向けに、そういったタンク違いを楽しんでもらおうという商品もあります。同じ名前だけれども、ラベルにタンク番号が書かれていたりするのですね。そういうお酒を見つけたら、飲み比べをしてみるのも楽しいですよ。

七時間目のまとめ

しぼりには、使う器具の違いなどで
いくつかの方法がある

◆

しぼるタイミングによって、あらばしり、
中取り、責めなどがある

◆

「おり」が入ったおりがらみ、
粗く漉しただけのにごり酒などがある

◆

濾過の有無でも味わいが変わる

◆

火入れの回数やタイミングでも
味わいが変わる

◆

加水や調合でも味わいが変わる

原材料が変われば味が変わる？

　ここまでで、日本酒の工程によって味わいが変わり、その情報がラベルにも記載されるということを学んできました。もうひとつ、ラベルに記載されることもあるのが原材料です。具体的には、米・酵母・水によっても、当然味わいが変わります。ただしこれらには、多くの日本酒はこのお米を使う、みたいなスタンダードなものがありません。したがって、ラベルに記載されていない場合はこれ、というものがないのです。そこが工程とは違う点なので注意してください。

お酒を造るためのお米がある

日本酒造りに用いられるお米を「酒米（さかまい）」と言います。食べるためのお米である「飯米（はんまい）」や「食米（すきごめ）」と区別した言い方ですね。その中でも、日本酒造りに適するよう品種改良されたのが、二時間目でも少し触れた「酒造好適米」です。

日本酒造りには、お米の「でんぷん」が重要です。お米にはタンパク質や脂肪分、ミネラルが含まれているのですが、これらはお酒を造る上では雑味になってしまいます。食べる分には旨味やツヤになるため、有用なのですが、お酒造りでは旨味が多すぎると麴菌や酵母の生育が早まり、バランスが崩れてしまうこともあるのです。そのため精米をたくさんし、でんぷんが多い中心部分を使います。その割合を表したのが精米歩合でしたね。そして、酒造好適米は食米に比べるとタンパク質や脂肪分等がもともと少ないという特徴があるのです。

さらに酒造好適米には中心に「心白」という白く不透明な部分があります。心白は隙間がたくさんあるため、不透明になり白く見えているのです。この隙間があるおかげで吸水性が良く、麴菌の菌糸が入り込みやすく、隅々まで分解できるのですね。

このように、酒造好適米は日本酒造りに合うように進化していったお米なのです。ついでに言うと、たくさん精米をすることを前提としているため、お米の粒も大きく、精米の際の摩擦や熱に強く割れにくくなるよう、品種改良が重ねられました。

ただし、酒造好適米の方がより適しているというだけで、食米でお酒を造ることができないわけではありません。コシヒカリやササニシキなどで造られた日本酒もたくさんあります。食米の方が値段が安いため、味わいを決定づける麹米には酒造好適米を使うけれども、大量にお米が必要になる掛米には食米を使っているお酒もあります。特に、毎日飲んでもらいたい普通酒では、値段を抑えるために食米を用いることが多々あるのです。

一方の特定名称酒では、ほとんどが酒造好適米を使ってお酒を造っています。ちなみに特定名称酒を名乗るためには「3等以上に格付けされた玄米又はこれに相当する玄米を精米したものをいうものとする」との条件を満たしたお米を使わなければなりません。粒が揃っていたり、着色粒（緑がかった、青い米）などが交じっていないものは等級が良いとされています。そのうち、3等以上を使うのでなければ特定名称酒とは名乗れないのですね。たとえ酒造好適米であったとしても、格付けされていないお米、つまり等外米と呼ばれるお米を使って造ると特定名称酒とは名乗れません。そこで、特定名称酒と同じ手間暇をかけているし、酒造好適米を使っているけれども、そのお米は等外米なので普通酒として安く売っているというお酒もあったりします。

お米の違いは味の違いになるが、決定的ではない？

酒造好適米は100種類以上あり、代表的な酒造好適米には「山田錦（やまだにしき）」「五百万石（ごひゃくまんごく）」「美（み）

山錦」「雄町」などがあります。お米によって味わいは変わり、たとえば山田錦を使うと香りが良くて雑味が少ないお酒に、雄町では複雑な味わいで深いコクがあるお酒になる傾向があります。いわゆる綺麗な味わいのお酒が高評価を得るような鑑評会では、山田錦を使ったお酒が多かったりするのです。ただし、これには数多くの例外もあります。

ほとんどの日本酒蔵は、お米を自前で育てているのではなく、契約農家などから購入しています。たとえば、同じ農家が育てたお米を、別の日本酒蔵がそれぞれ購入するということもあるのです。地酒というと、すべてが地元のもののイメージがあるかもしれませんが、お米は別の地域のものもあるのですね。そして、同じ蔵で同じお米を使っていても、精米歩合などが異なる別商品になると、当然そこでも味わいは変わります。もちろん、同じお米でも別の蔵が醸すと違った風味のお酒になるのです。

もうひとつ、ワインの世界などでは「今年はブドウの出来が良かったから良いワインができた」など、グレートヴィンテージという言葉があります。当たり年というわけですね。ですが、お米の当たり年という概念をあまり聞いたことがないのではないでしょうか。

お米も農作物なので、当たり年と外れ年があります。ただし、多少のお米の出来映えは杜氏の腕で何とかしてしまうことも少なくありません。ここまで見てきたように造る工程が非常に多いので、技術でどうにかできてしまうのですね。仮に今年のお米は溶けにくいとなっても、水を多くすることで対応する、などです。多少のお米の出来不出来は杜氏の腕でカバーされていて、お酒を飲む側にとってはあまり気にならないことが多いのですね。

というわけで、お米の違いは味の違いを生み出しますが、それだけが味わいを決定付けるわけではないと覚えておきましょう。

酵母は基本的には購入している

お酒の味わいに大きな影響を与えるものに、酵母があります。お酒も発酵食品ですから、その発酵を行う微生物によって味わいも変わるのですね。

日本酒の酵母は、基本的には公益財団法人日本醸造協会が頒布する「きょうかい酵母」を購入して使います。これらは、おいしい日本酒（当時、評価の高かったお酒）を造る蔵から採取されたものを、醸造協会が純粋培養したものです。昔は蔵に住んでいる酵母が入り込んでお酒を醸していたので、評価の高いところの蔵にいる酵母は優秀に違いない、となったのですね。そうして番号がつけられ、後に遺伝子などを調べられ、整理されました。

また、突然変異によって発酵時に泡を出さない酵母もあります。協会6号酵母の泡なし版は協会601号、協会7号酵母の泡なし版は協会701号のように、後ろに「01」がつくようになっています。

さらには花から採取した「花酵母」など、特殊な酵母を用いることもあります。これらは蔵が目指している酒質によって異なる酵母が用いられるため、スタンダードな酵母がある、というわけではありません。また、記載義務もないため、どんな酵母を使っているかラベルからはわからないお酒も多くなっています。それでも使用している酵母を明記している場合には、その酵母の味(とされる風味)がすると考えるといいでしょう。

水は重要だが難しい

日本酒造りにおいて水は重要です。アルコール15%ということは、残

酵母名	別名	採取蔵
協会6号酵母	新政酵母	新政酒造
協会7号酵母	真澄酵母	宮坂醸造
協会9号酵母	香露酵母	熊本県酒造研究所
協会10号酵母	明利小川酵母	明利酒類

代表的な酵母と、その採取蔵

りの80％以上は水と言っても過言ではありません。それだけの量を占めているのですから、味に対する影響も大きいものがあるのです。

さらに、日本酒は原材料に米を用いています。乾燥したお米に水を吸わせて（吸水させて）、蒸しあげているのです。原材料の段階で、かなりの量の水を使っているのですね。もちろん、その後の工程で水を大量に加えているのは言うまでもありません。

このように日本酒造りでは大量に水を使います。そのため、お米や酵母などと違って、水を余所から購入してくるのは現実的ではありません。運ぶのも大変だからです。そのため、日本酒蔵は綺麗な水が大量に手に入るところに建てられていました。日本酒蔵は米どころに多くあるイメージがありますが、米どころは綺麗な水が大量に手に入るところでもありますし、米と水が手に入りやすいところに建てているのですね。

その中でも、特に発酵に向いている水質のところが、有名な醸造地として名を馳せました。「灘（なだ）の男酒（おとこざけ）、伏見（ふしみ）の女酒（おんなざけ）」という言葉がありますが、兵庫県の灘も、京都府の伏見も良い水が採れる地域なのです。

灘の水は硬水で、ミネラルが豊富です。そのため、硝酸還元菌などもしっかり育ち、発酵に向いている水といえるでしょう。しっかり発酵するので、酸も良く出て、コクがあるのにキレもあるすっきりした味わいになる傾向があります。特に新酒のころは顕著に表れて、少し荒々しさを感じるほどです。それが「男酒」と表現されているのですね。

伏見の水は中硬水です。ミネラルが少ないため、発酵に向いているというわけではありません。そのため、同じ量のお酒を造るのでも、発酵に時間がかかる傾向があります。ただし、その時間がかかっている間に、お酒の荒々しさがとれて、酸が控えめな丸みを帯びたやさしい口当たりのお酒に仕上がる傾向があるのです。それが「女酒」と言われるゆえんですね。

このように、硬水で造ると「男酒」のような酸が豊富でキレのある味わいに、それよりミネラルが少ない軟水（中硬水も）で造ると「女酒」のような口当たりの良いやわらかなお酒に仕上がる傾向があります。では全国各地の水はどうなのかというと、大雑把ではあるのですが、関東は水の硬度が高めで、それ以外の北海道や東北、中部、近畿、中国、四国、九州は硬度が低めの軟水です。ただし、中でも岩手県などは硬水の傾向があったり、兵庫県の灘のように、軟水が多い近畿地方でも硬水だったりする場所もありますので、県だけで判断するのは難しいポイントでもあります。さらに、同じ県の中でも水系が異なる場合があります。水源が異なる川が、県内に複数流れているところもあるのですね。そうなると、水質も異なってしまいます。それだけでなく、井戸を掘る深度でも水質は変わります。浅いところでは軟水でも、深いところだと硬水がとれることがあるのですね。これも県だけでは判断できない要因です。

そしてもうひとつ、水に関しては六時間目でも少し触れたように、水質をお酒に合わせて調整する技術があります。山廃酛などで、硝酸還元菌が育つように（軟水を用いていたら）少しミネラルを加えたりすることですね。このように、求めるお酒の酒質や製法によって、水を調整することがあります。

もちろん、水質調整はすべてのお酒で行われているわけではありません。むしろ、やっていないお酒の方がはるかに多いと考えてください。ただ、こういう技術もあるので、このエリアのお酒は軟水だからこう、硬水だからこう、と決めつけるわけにはいかないということです。例外となるようなお酒もあるのですね。

このように、水に関しては味わいは確かに変わるのですが、それをどこで判断すればいいのかは、日本酒初心者にとってはとても難しいものです。同じ蔵の違うお酒だと、同じ水を使っているので似たような傾向になる、ぐらいでしょうか。ラベルの裏面などに「〇〇の軟水を使用」と書かれていたら参考にできるぐらいで考えるといいかもしれません。

八時間目のまとめ

日本酒を造るために
品種改良されたお米が
酒造好適米

◆

お米によって味は変わるが、
それ以外の要素の方が
味に大きく影響を及ぼす

◆

酵母は味わいに
大きな影響を与える

◆

水は味に大きな影響を与えるが、
地域によって
こうと決めることができない

補講：日本酒の呪文を解析すれば味が見える

ここまでで時間をかけて、造り方の違いで日本酒の味わいが変わるということを見てきました。基本というべきか、多くのお酒で行われている造り方があり、各工程の中で特殊な作業を行っていると味が変わるので特別な名前がつけられるのです。

その結果、日本酒の名前は長く、複雑なものになります。「星乃海　生酛　純米吟醸　無濾過生原酒」のような名前ですね。場合によっては工程だけではなくお米の名前も入り、「星乃海　生酛　純米吟醸　山田錦　無濾過生原酒」になることもあります。こういった呪文のような名前も、今ならわかるでしょう。名前が理解できるようになると、何となく日本酒の味わいや、方向性が想像できるのではないでしょうか。もちろん、例外はあるので最終的には飲まないとわかりませんが、それでも予測がつくようになるはずです。

今回は補講として、もう一度これらの「呪文」について整理していきます。もう一度、82ｐに掲載した漫画を見てみましょう。

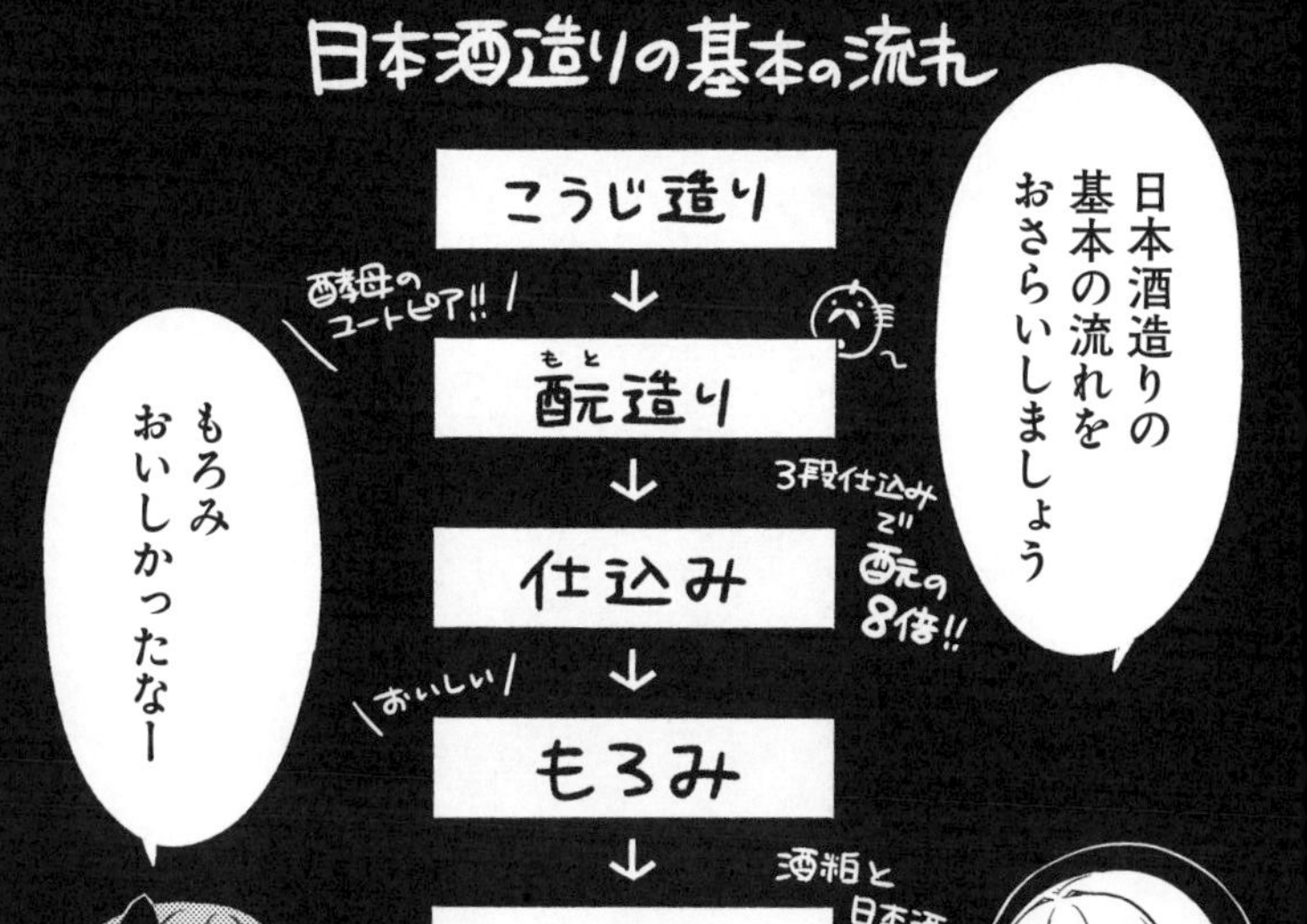

日本酒造りの基本の流れ

日本酒造りの基本の流れをおさらいしましょう

こうじ造り

↓ 酵母のユートピア!!

酛(もと)造り

↓

仕込み

3段仕込みで酛の8倍!!

↓ おいしい

もろみ

↓

しぼり

酒粕と日本酒を分ける

↓

火入れ

さよなら酵母

↓

日本酒完成！

もろみおいしかったなー

星海社 COMICS『白熱日本酒教室』2巻23ページより

日本酒造りのおおまかな流れはこのようになっていましたね。お米から糖分を取りだし、糖分を発酵させてアルコールにし、濾過で余分なものを取り除き、流通できるように仕上げをします。

糖分を取り出すのは「麹造り」です。麹菌によってお米のでんぷんを糖分に分解します。ここで用いられるお米を「麹米」と呼びます。

糖分を発酵させてアルコールにする際に重要なのは、日本酒造りの酵母よりも、先に他の菌が繁殖しないようにすることです。菌の世界は早い者勝ちでしたよね。そこで、いきなり大量に発酵させるのではなく、少量で酵母にとっての理想環境を整え、酵母を増やします。これが酛（酒母）です。そのあとは3回に分けて量を増やしていく「三段仕込み」を行い、もろみを育てていきます。

十分にもろみが発酵したら、「濾過（しぼり）」によってお酒と酒粕に分離させます。さらに炭濾過などを行い、透明な清酒にします。そのあとは、2回にわたって火入れを行い、加熱殺菌をします。少し寝かせて、十分に味が熟れたら出荷するというわけです。

では、各工程で特殊なことを行うとどうなるのか、漫画版の図を引用してみました。

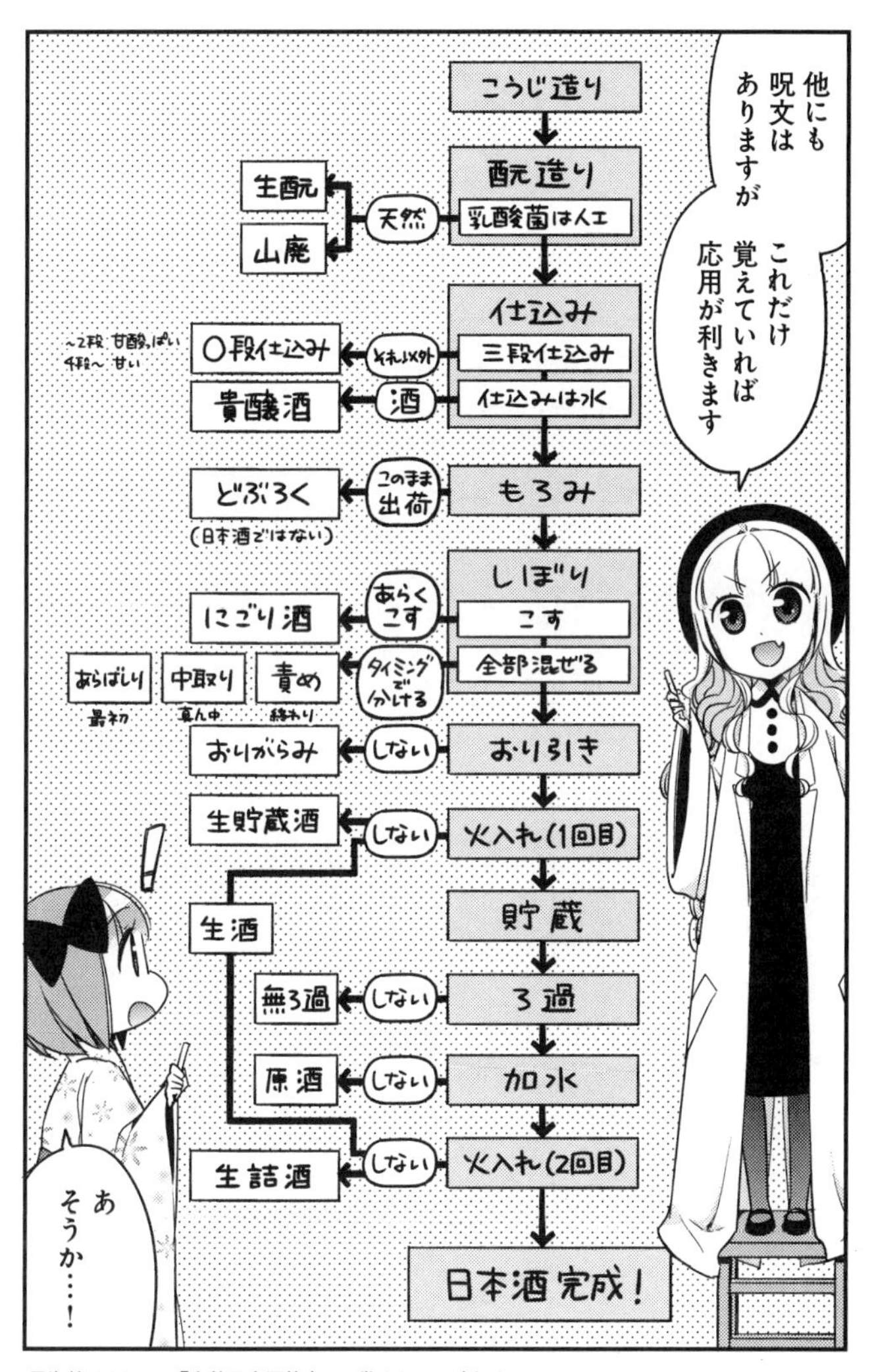

星海社 COMICS『白熱日本酒教室』3 巻 24 ページより

ここでポイントになるのは、それぞれの工程で名前がつく、ということです。つまり、各工程で特殊なことをすればするほど、お酒の名前はどんどん長くなっていくのです。

以上を踏まえて、「星乃海　生酛　純米吟醸　山田錦　無濾過生原酒」の呪文を読み解いてみましょう。

「星乃海」はお酒の名称です。「生酛」のところで、酒母（酛）を造るときに生酛造りを行っているということがわかります。そして、特定名称が「純米吟醸」なので精米歩合は60％以下で吟醸造りを行っていますね。酒米としては「山田錦」を用いていて、炭濾過をしていない「無濾過」で、一度も火入れを行っていない「生酒」で、加水をしていない「原酒」であることがわかるのです。

ということは、「生酛造り」なので複雑で深みのある味わいながら、「純米吟醸」らしい吟醸香がして後味がややすっきりめの、「無濾過」なので味は強く、「生酒」らしいフレッシュさが感じられる、「原酒」ならではの濃厚さがあるお酒なのではないかということを予想できるのです。この方向性が好みに合うかどうかを判断すればいい、というわけですね。

ここで挙げたもの以外にも、「呪文」はたくさんあります。たとえば「鑑評会出品酒（もしくは出品酒)」とついている場合。これは、全国新酒鑑評会に出品したお酒と同じタンクのお酒(もしくは同じ造りのお酒)ということを意味します。鑑評会に出すべく、ほぼコストを度外視でその蔵の技術が注ぎ込まれた、細心の注意と手間暇をかけて造られたお酒ですね。「出品酒」という言葉には特別なことをしているという意味はないのですが、だいたい「大吟醸」だったり、何らかの特別な製法がその名前の後に続くことが多くなっています。

また、さらにややこしいのは、特定名称酒のように厳密に決められているものを除くと、自分達で「これはこういう製法を発明したんだ!」というものだったら、自分達で名前をつけていいということでしょう。

たとえば、油長酒造(奈良県)の『風の森』シリーズには、「笊籬採り」という名称がつけられているものがあります。笊籬とはザルのようなもので、もろみの中に笊籬を沈め、もろみから清酒を分離するという手法です。圧力をかけずに、空気に触れずに(酸化をほとんどさせずに)お酒を分離させられるというメリットがある手法です。

他には、藤本酒造(滋賀県)の『神開』シリーズには「ひしゃく」とつけられたものがあります。お酒をしぼる際に、槽口からちょろちょろと流れ出る中取りの中で、もっとも状態のいい部分を柄杓（ひしゃく）で一杯一杯すくい取り、直接瓶詰めをしたという、非常に手間暇のかかっているお酒につけられた名前です。蔵の方に伺ったところ、「どうしてもポンプ等を経由すると味が変わってしまうので、本当の意味のしぼりたてを飲んで欲しいと思い、このようにしている」とのこと。

どちらの例も、お客様においしいお酒を飲んでもらいたいので、従来知られている手法よりもさらに手間暇をかけたり、創意工夫をしているということからつけられた名称です。ただ、こういった、特殊中の特殊のような名前も、ラベルの裏面に書かれている説明等を読むと、ここまで学んできた方なら今までの知識を応用させることで、何となく想像がつくのではないでしょうか。

いずれにしても、日本酒は名前（ラベルの呪文）からこれだけの情報を読み取れるお酒です。日本酒選びをするときは、まずはじっくり名前を読んでいきましょう。

九時間目のまとめ

**日本酒の名前は長く、複雑だが、
必ず解読できる**

◆

**それぞれの工程を理解すれば、
自ずと味の方向性が見えてくる**

◆

**厳密に定められている以外の
部分で、蔵独自の名前を
つけることがある**

◆

**いずれにしても、
ラベルの呪文を読み解けば、
多くの情報が手に入る**

特別授業②

日本酒を飲むのにいい季節はあるの？

ここまで見てきた日本酒造りは、主に冬に行われます。寒い季節の方が温度をコントロールしやすく、酒質を向上させやすいためです。ということは、日本酒は冬に飲むのが一番良いのでしょうか？

確かに、新酒が多く出回るのは冬から春にかけてです。フレッシュなお酒が好きな人にはたまりませんね。また、にごり酒も多く販売され、酵母が中でまだ生きていて発酵を続けている「活性にごり」というお酒はこの季節に一番多く販売されます。

では他の季節ではどうなのかというと、春には新酒がまだ販売されている他、お花見の季節にあわせてピンク色のにごり酒なども販売されます。陽気で華やかなお酒を飲むのに、いい季節なのですね。

夏はどうしてもビールに目がいきがちですが、日本酒も負けてはいません。「夏吟（なつぎん）」という、夏の吟醸酒などが販売されます。すっきりとした辛口のお酒で、場合によってはアルコール度数を下げていて、爽快感のあるのどごしのお酒です。さらには「薄にごり」や「夏にごり」という名のおりがらみが販売されることもあります。

秋は「ひやおろし」や「秋あがり」の季節です。春先にできあがった新酒にいったん火入れをし、冷蔵貯蔵します。そのまま暑い夏を越えさせ、秋まで寝かせると味がのっておいしいお酒になるのです。これをそのまま（冷蔵貯蔵＝ひやのまま）卸したお酒を「ひやおろし」と言います。そして、秋になると味が上がるので「秋あがり」とも言うのですね。

このように、それぞれの季節にはそれぞれのお酒があります。さらには、現在では「四季醸造」と言って、年中どの季節でも日本酒を造っている蔵があります。空調の技術が発達したので、一年中理想の温度にできるからですね。

したがって、日本酒を飲むのにいい季節というのは、厳密にはありません。いつ飲んでもいいのです。でも一番良い瞬間はいつなのかと、強いて言うならば「日本酒は買ったときが一番おいしい」でしょうか。日本酒蔵は、蔵の中でお酒を貯蔵して、一番お酒がおいしくなるタイミングで出荷しているからです。蔵が思う一番いい状態が、おいしくないわけがありません。したがって、買ったお酒をなるべく早く飲む、というのが、一番良いタイミングと言えるのです。

見つけよう

この間
ラベルに『辛口』って
書いてある
お酒を飲んだんです
そうしたら…
そのお酒…
ちっとも
辛くないんですよ
むしろ
甘いんです…!!!
あー
日本酒
こわい
こわい
助手の
日本酒怪談

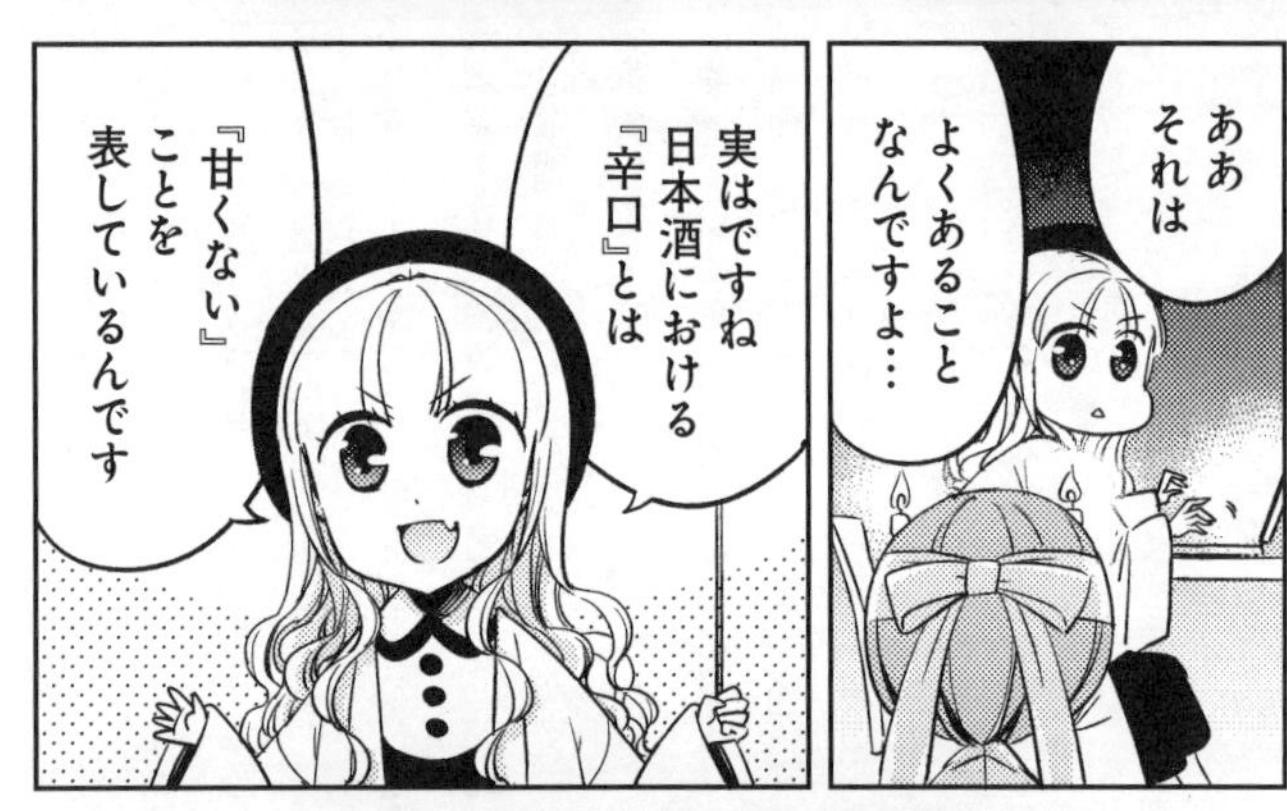
ああ
それは
よくあること
なんですよ…
実はですね
日本酒における
『辛口』とは
『甘くない』
ことを
表しているんです

ええ〜〜っ?!
『辛口』って
書いてあるのに!?
そうなんです
『甘くない』が『辛口』
です
甘口⇔辛口
(甘い)
(甘くない)
Sweet
Dry

4章 自分の好みを

もう なにも 信じられない!!
ラベルが全てじゃないんですか?
おちついて
辛口甘口の 定義は こうなんですが
感じ方には とっても 個人差があるので 難しいんですよ

同じように 味を確認して 好みを見つけた方が いいのは
熟成酒!
5年より 10年の方が 好きだけど
15年はいまいち 好きじゃないぞ…?
なんで?
変化が大きいので 飲んでみなければ わからないですし

日本酒の ニューウェーブ 『クラフトサケ』も 酒税法上の 日本酒の定義から 外れるお酒で
謎の?酒
日本酒ほど 製造工程や副原料に 制約がないので 飲んでみないと 味の想像が つきにくいです

となると 信じられるのは 自分の舌だけ…?
不安…
早速 飲んで みましょうか!
たしかめ ましょう!
やった~!

日本酒の「甘口」「辛口」とは

今までの講義で、日本酒のラベルに書かれているたくさんの情報の読み解き方を学びました。ですが、まだ説明しきれていない情報があります。今回は「甘口」や「辛口」を見ていきましょう。一見わかりやすい言葉ではありますが、これが非常に難しいのです。

簡単に言うと、甘口や辛口はどうしても感じ方に個人差があるためです。たとえば、同じカレーを食べても辛いもの好きな人は甘口カレーと思い、辛いものが苦手な人は辛口カレーと思うことがありますよね。そのため、人によってはラベルには辛口と書かれているけれども、飲んでみると甘口のような気がする、ということがあるのですね。では、まったく参考にならない情報かというと、そうではありません。いったいどのようにして甘口や辛口が表記されているのか、詳しく見ていきましょう。

そもそも辛口のお酒って何？

まず最初にはっきりさせなければならないのは、お酒の「辛口」とは何なのかということです。辛口を辞書で引くと、「酒、みそ、しょうゆ、カレーなどの口あたりが辛いこと。また、その物」とあります。では、「辛い」について調べてみると「酒気の強いさま。アルコール度の高いさま。甘味の少ない濃厚なよい酒の味にいう」とあります（両方とも精選版日本国語大辞典より）。

もう少し詳しく説明しましょう。お酒の世界での辛口は、いわゆる唐辛子だったり、塩味だったり、そういった舌を刺すような刺激のある味わいのことを指していません。今までに学んできた日本酒の製造工程を見ても、どこにも唐辛子や塩が入る余地はありませんでしたよね。

日本酒造りの基本は「糖を分解するとアルコールと二酸化炭素になる」です。つまり、製造工程で登場するのは糖分、すなわち甘いものです。糖分が多いと口当たりが甘くなるので、それを甘口と呼ぶのは何となく想像がつきますよね。では辛口はというと、その正体は「糖分が少ないお酒」なのです。糖分が分解されて少なくなり、アルコールがたくさん造られると「アルコール度の高いさま」であり「甘味の少ない」お酒になるのです。辛口というのは、どちらかというと甘口の対義語のように用いられる「甘くないお酒」という意味だったのです。

なお、辛口と日本語で表すよりも、英語の「ＤＲＹ」の方がイメージしやすいかもしれません。ドライビールのＤＲＹですね。ドライビールは従来のビールよりもアルコール度を若干高めにし、苦味を抑えて、キレのある後味を目指したお酒です。このＤＲＹの味わいこそが、日本酒の「辛口」の正体の一部であると考えるといいでしょう。

もうひとつ、辞書に書かれている内容をよく読むと「甘味の少ない」だけではなく、その後に「濃厚なよい酒」という表現がでてきます。これは、旨味などをたっぷり感じるような、味わいが濃いお酒という意味ですね。甘さよりも旨味を先に感じられるようなお酒は、どれだけ糖分が入っていても「甘くないお酒」と表現されます。これも辛口のお酒というわけです。

つまり「辛口のお酒」には、のどごしを重視したキレのある味わいも、旨味たっぷりの重厚な味わいも含まれているのです。まったく違う味わいだけれども、「辛口」でまとめられているのですね。何となく「辛口のお酒をください」と飲食店や酒屋で言うと、時折「普段どのようなお酒を飲まれますか」とか、「どういった味が好みですか」と聞かれることがありますが、これはどのような辛口が好きなのかを把握するためなのです。

日本酒の味は4種類？

以上のことを踏まえて、どのようにしてラベルに「甘口」「辛口」と書かれているのかを見ていきましょう。

とても簡単に言いますと、どれだけ糖分が残っているかで「甘口」「辛口」を決定して記載することがほとんどです。四時間目で学んだ「日本酒度」の数値ですね。これは今まで学んできたように、人によって感じ方がどうしても変わってしまうため、このぐらいの数値だったらこうすると決めてしまうほかないのですね。具体的には日本酒度の数値がマイナスだと糖分が多く残っているので「甘口」になり、数値がプラスだと糖分が残っていないので「辛口」と表記するのです。

そしてもうひとつ、味わいに関してラベルに記載される用語に「淡麗（たんれい）」や「濃醇（のうじゅん）」があります。「淡麗辛口」などは、見たこと聞いたことがある人も多いでしょう。これが味の強さを表す用語なのです。

日本酒の世界では主に酸度によって決まります。これも四時間目で学びましたね。リンゴ酸やコハク酸などの酸が多いとお酒はどっしりとした濃厚な味わいになるため、「濃醇」となります。一方で、酸が控えめだとすっきりとした味わいになるため、「淡麗」と表現されます。だいたい酸度1・3から1・5を基準として、それよりも少ないと淡麗、多いと濃醇と記載されます。

このように、日本酒の味を表すラベル表記は、甘口と辛口の軸と、淡麗と濃醇の軸の二つの軸があります。これらを組み合わせて「淡麗甘口」「淡麗辛口」「濃醇甘口」「濃醇辛口」の4種類の味わいを表現しているのです。

淡麗甘口：ソフトな口当たりでしつこくない、キレのある甘味のお酒
淡麗辛口：すっきりとした飲み口で後味もさわやか。のどごしもいいお酒
濃醇甘口：米の甘味を生かした、豊かなコクがある甘い香りのお酒
濃醇辛口：重厚感のある、どっしりとした旨味もコクも強いお酒

前述の辛口の種類問題も、これである程度対応はできます。キレのある辛口が欲しいときは淡麗辛口を、旨味たっぷりの辛口だったら濃醇辛口と言えばいいというわけです。

数値で判断してラベルに記載する

この4種類の味で、日本酒が区分けできるかというと、なかなかそうはなりません。これらの軸の中でも、味わいの濃淡がありますし、さらには受け取る人の感じ方によっても変わりますよね。同じカレーでも甘口と感じたり辛口と感じたりするのと、同じことが言えるのです。

そして、味は、バラバラに味わうのではなく、組み合わせて新たな味わいになることもあります。たとえば甘さは酸とのバランスによって感じ方が変化するのです。「甘酸っぱい」という言葉があるぐらい、甘味と酸味は相性がいいのですね。このとき、仮に10の甘さを感じさせる糖分があったとしても、酸が加わって甘酸っぱいに変化すると、感じる甘さは8になってしまうことがあります。つまり、甘酸っぱさは、それが含んでいる糖分よりも、酸があるため甘さを控えめに感じるということなのですね。そのため、同じ糖分を含んでいるお酒でも、酸が多いと甘さはそれほど感じず、酸が控えめだと甘さをしっかりと感じるということになるのです。

さらに、日本酒の味わいは甘味と酸味だけではありません。旨味や苦味など、他の要素も加わります。このため、画一的に表現するのはとても難しいのです。

それでも何か指標があった方がわかりやすいですよね。そこで、含まれている糖分（日本酒度）や酸の量（酸度）の数値で判断して、淡麗辛口などをラベルに記載しているのです。

グラフが斜めになっているのは、酸が多いと甘味を感じにくい等が現れているからです。ただし、これも絶対的なものではありません。人によって、「これは淡麗辛口って言うけれども、甘口じゃないの？」と感じることがあるからです。

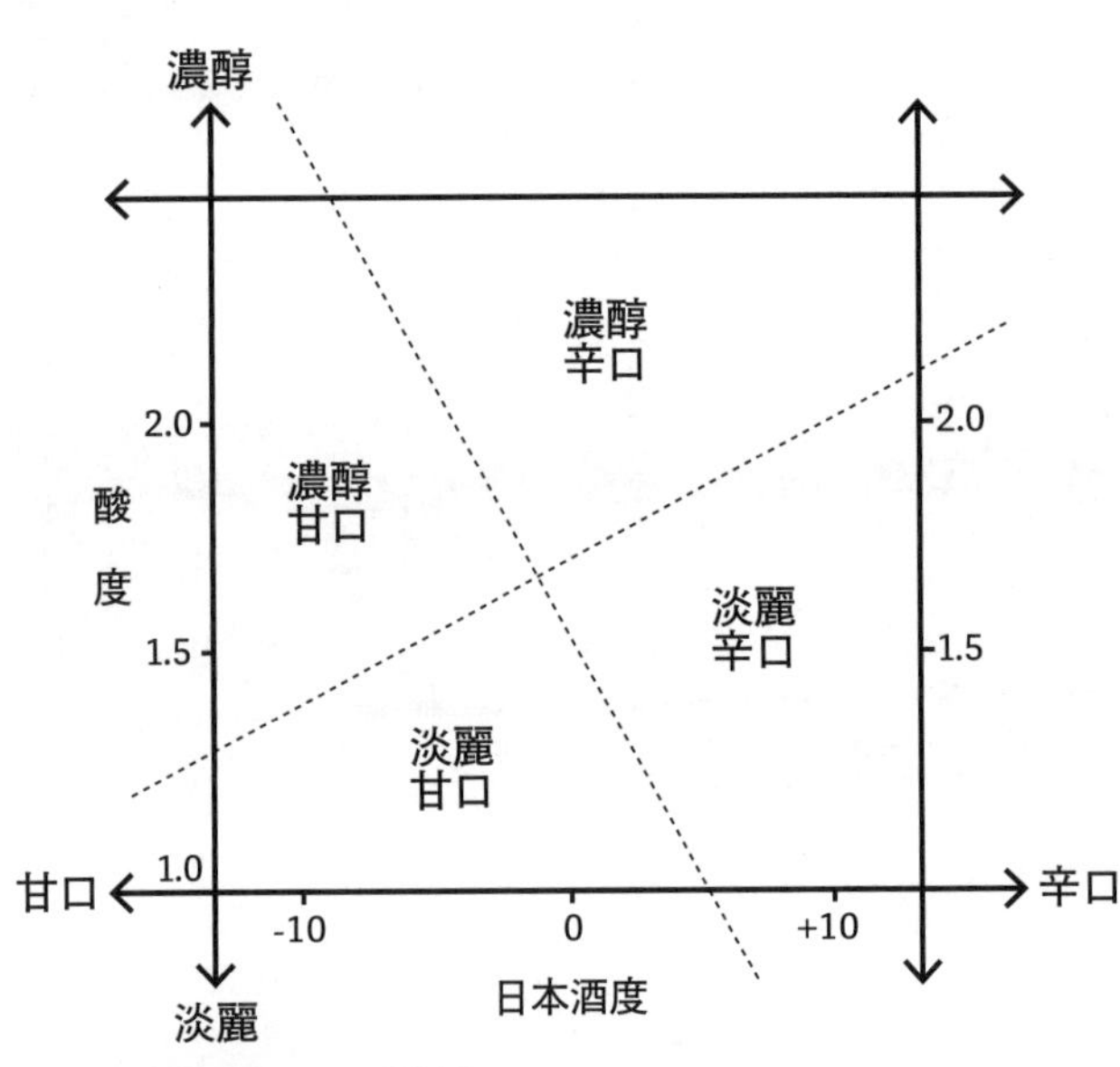

酸度と日本酒度の数値によって分類される

香りの影響はかなり大きい

ラベルには「辛口」と書かれていても、甘口と感じてしまうお酒は少なくありません。その理由は、我々が味わいを感じるときは、味覚だけでなく嗅覚に大きな影響を受けているからです。つまり、「味」としては甘くない、辛口のものだったとしても、甘い香りがするお酒を、甘口ととらえてしまうことがあるのですね。

風邪を引いて鼻が詰まっているときに、料理の味をあまり感じないという経験をした人は多いでしょう。これは「味」に嗅覚が影響しているからです。また、有名な実験で、目隠しをした状態で砂糖水を飲むというものがあります。このとき、オレンジの香りをかぎながら飲むとオレンジジュースだと思い、リンゴの香りをかぎながら飲むとリンゴジュースだと思ってしまうのです。似たような話では、一部の会社が公表した、かき氷のシロップはすべてベースが同じ味で、実は着色料と香料によって、イチゴ味やメロン味としているという話があります（もちろん、まったく異なるシロップを製造している会社もあります）。これらのことは、味に香りが大きく影響していることを示しているのです。それどころか、「味」と思っているものの大半は、口の中から食べ物の香りが鼻に伝わったものだったのですね。実際に、今すぐ実験をしたい場合には、イチゴやブルーベリーを鼻を摘まんで食べてみてください。きっと、いつもとは違う味わい、少し物足りない感じになっていることを実感できるはずです。

話を日本酒に戻します。吟醸酒を例に挙げましょう。吟醸酒の多くは、数値的には日本酒度がプラスである辛口のお酒が多いのです。ところが、吟醸造りを行うと生じる「吟醸香」という、果物のようなフルーティーな香りがついています。すると、人によっては「甘口」と思ってしまうのですね。

最終的には自分の舌で確かめよう

基本的には、ラベルに書かれている「淡麗辛口」などは、間違いなく味の参考になります。ですが、個人の感じ方なので、ちょっと違うなと思うときもあるのです。日本酒の味わいは、最終的には他の人の評価は当てにせず、自分の舌で確かめるようにしましょう。ラベルに「辛口」と書かれていても、自分の中では「甘口」だったら、それは甘めのお酒と考えていいのです。

十時間目のまとめ

日本酒の「辛口」は本当に辛いわけではない

◆

日本酒の味わいは、大雑把に4種類に分類される

◆

これらは参考にはなるが、成分の数値で決まるので、絶対的な味の指標ではない

◆

お酒の味に対する香りの影響はかなり大きい

◆

最終的には飲んで自分の舌で確かめよう

古いけれども新しいお酒、熟成酒

ラベルに記載されている情報から味を読み解くことを学んできましたが、ラベル編の最後として「古酒(こしゅ)」「熟成酒(じゅくせいしゅ)」のお話をします。

長期熟成させたお酒というと、ウイスキーやワイン、泡盛などを思い浮かべる方も多いでしょう。ワインは長期熟成が尊ばれている一方で、同じく醸造酒の日本酒では長期熟成させるイメージがないという方もいるのではないでしょうか。ですが、日本酒にも熟成酒はあるのです。

日本酒の熟成酒は、文字通り長い期間保管をしてお酒が熟成されたもので、新酒とは異なる味わいを楽しめるお酒です。ただし、酒税法で「こういうお酒が熟成酒」と定義されていないため、ラベルには表示規定がありません。記載されているいないの話だけではなく、蔵元が独自の名称でつけているものも少なくないのです。十一時間目では、熟成酒とはどういうものなのか、どういう味わいがあるのかについて見ていくことにしましょう。

そもそも古酒とは？

古酒とはいつからそう呼ばれるようになるのでしょうか。一般には、醸造年度（四時間目参照）で数えて前年度以前に造られた日本酒を古酒と言います。たとえば、令和５ＢＹは令和５年７月から令和６年６月末までです。ということは、令和５ＢＹの日本酒は、令和６年７月以降は年度をまたいでしまうので、古酒になります。１年経ったらもう古酒と呼ばれるのですね。

これはおそらく、日本酒がお米から造られていることと関係するのでしょう。お米もその年に作られたものが新米で、１年経つと古米という扱いになります。それと同じというわけですね。

ただし、「熟成古酒」として販売されている日本酒は、１年ではなく３年以上貯蔵されたものが多くなっています。したがって、ラベルに「古酒」「熟成古酒」と書かれていたら、３年以上は経っていると思うといいでしょう。これは古酒を製造するメーカーの組織「長期熟成酒研究会」が３年以上熟成させたお酒を「長期熟成酒」として定義しているところからきています。

ちなみに、ウイスキーでは「○年」というお酒があります。12年とか、18年とかですね。これは12年間熟成させたお酒をそのまま瓶詰めしているのではなく、「これが12年の味」とでもいうべきものが決まっていて、それに合うようにいろいろな年代のお酒をブレンドしたものになります。ここまで見てきたことからわかるように、お酒は発酵で造られるため、毎年同じ味になるのは非常に難しいのですが、商品として売る以上、令和4年に販売した「12年」と令和5年に販売した「12年」の味が違うのも困りますよね。というわけで、同じ味、つまり12年の味になるようブレンドをしているというわけです。

ただし、ブレンドにもひとつだけルールがあります。それは、12年を名乗るのだったら、その中で一番新しい（最近の）お酒が12年になるようにする、というものです。つまり、「12年のお酒」には、12年前のお酒だけでなく、15年前や、20年前のお酒がブレンドされているかもしれません。でも、8年前のお酒などはブレンドされていないのです。

一方の日本酒ではどうなのかと言いますと、いろいろな熟成古酒をブレンドしたものもありますが、ほとんどは蔵元でお酒をブレンドなしでそのまま熟成させたものです。特に、2024年醸造などと醸造年が書かれていたり、BY表記のあるものは他の年度のお酒がブレンドされていません。

異なる年度のブレンドは日本酒の世界にはあるの？

ここで、少し横道に逸れますが、日本酒の世界でも異なる年度のお酒をブレンドすることがあるという話をします。

毎年販売されている定番のお酒は、毎年同じような味わいにする必要があります。そうでないと、その味を期待して購入したお客さんを裏切ることになるからですね。ですが、ウイスキーのような蒸留酒より、醸造酒である日本酒の方が、より発酵や原材料の影響を受けやすいという問題があります。

そこで、前年に造ったお酒を少し残しておいて、新たに造ったお酒とブレンドをして味わいを調整することがあるのです。もちろんこれはすべてのお酒で行われているというわけではありません。毎年飲んでも、いつ飲んでも、同じようにおいしいということには、ブレンドをしている場合がある、というわけです。なお、このブレンドをした場合は、BY表記は記載できません。異なる醸造年度のお酒が入っていることになるからです。

熟成っていったいどうなるの？

何となく、日本酒は放置しておくと酢になると思っている方もいるかもしれません。ですが、これは正確ではありません。確かにお酢はアルコールをさらに酢酸菌で発酵させて造ります。ですが、日本酒の瓶には酢酸菌は入っていないため（そして、火入れで殺菌をしているため）、そのまま置いておいてもお酢にはならないのです。開封して飲んだときに、ひょっとしたら偶然にも酢酸菌が入り込み、そのまましばらく放置していたらお酢になることがあるかもしれない程度です。つまり、未開封の日本酒はいくら放置していてもお酢になることはありません。

また、日本酒には「賞味期限」がありません。アルコール度数が高いため、アルコールの殺菌作用もあって腐敗菌が繁殖することがなく、腐敗しないためです。時間が経って味が変わることはあっても、飲めなくなる（腐って飲むと毒になる）わけではないのですね。そのため、何年ものであっても、熟成酒として楽しむことができるのです。

日本酒の熟成が進むと、基本的には色が山吹（やまぶき）色から琥珀（こはく）色へと変化し、カラメルや蜂蜜のような複雑な香りが強くなり、口当たりがやわらかくなり、なめらかでコクのある濃厚な味わいに変化していきます。

色が変化するのは、化学変化が生じるためです。リンゴ酸や乳酸などの酸によって色が変化したり、水にわずかに含まれているマンガンや銅などの金属イオンによっても色が変わるのですが、一番大きいのはメイラード反応（アミノカルボニル反応）が起きること。糖分とアミノ酸とが反応することで、褐色の物質（メラノイジン）が発生します。これが増えると、どんどん琥珀色になり、さらに増えると紹興酒のような色合いになるのです。この反応は日常的にも起きていて、たとえば照り焼きをするときに肉を加熱するとどんどん色が濃く、香りが強くなっていくのもメイラード反応よるものなのですね。これが、日本酒の熟成のときに生じていて、時間が経てば経つほど色が濃くなっていく原因です。

この反応は、加熱すると促進されますが、低温だとあまり生じません。そのため、低温で熟成するとあまり色は変化せず、常温で熟成すると色がどんどん山吹色になり、琥珀色へと変化していきます。

こういった変化で生じる香りを「熟成香」と言います。カラメルや蜂蜜、ナッツやシェリー酒のようなと表現されるもので、甘い芳醇な香りです。

さらに、時間が経って熟成されることで、アルコールと水がよく混じり合い、尖った部分が口に直接当たらず、口当たりがやわらかくなるのです。そして、熟成している間にも日本酒の成分（アルコールだけでなく、アミノ酸や他の酸、糖類など）がお互いにくっついたり離れたり、酸素と触れて酸化したりしてどんどん変化していきます。具体的には、生酒ではアミノ酸などの旨味が減り、甘味や酸味が増えていきます。火入れのお酒では、甘味や酸味はそれほど増えないのですが、むしろ生酒より速い速度で（とはいっても微々たるものですが）アミノ酸が減っていきます。したがって、生酒では甘味が増えて濃厚になっていき、火入れのお酒では旨味が減ることですっきりとした味わいに近づいていくことになるのです。

熟成酒のデメリット「老ね香」

とはいっても、熟成はメリットばかりではありません。新酒のようなフレッシュさ、荒々しさは失われてしまいますし、場合によっては熟成しすぎることによって生じる「老ね香」という香りがすることもあります。

老ね香とは、熟成したお酒から出る嫌な香りのことです。ただし、どういうものが老ね香かというと、少し難しくもあります。というのも、明確にこれこれこういう香りが老ね香というわけではなく、熟成香との違いに明確な規定がない、ほぼ紙一重の香りといってもいいからです。つまり、何となく嫌な香りだったら老ね香、いい香りだったら熟成香と呼んでいると考えてください。

そもそも、香りはとても難しいものです。いい香りだけを集めるよりも、ほんのわずかな嫌な香りを一緒に加えていた方が、より心地よい香りになったりするのです。高級な香水でも、ごくごく微量の汗の臭いの成分や、アンモニア成分などが入っているのは有名な話ですね。また、良い香りとされているものでも、香りが強すぎると不快感を与える嫌な香りになってしまうことはよくあるのです。

したがって、熟成の過程において、嫌な香りが強いときには老ね香がして、いい香りが強いときには熟成香がすると考えるといいでしょう。いまどちらの香りがしているかは、自分が決めることですね。

ただ、老ね香は主に熟成しすぎることによって生じるので、熟成の進行を抑える、たとえば低温熟成ではほとんど生じないとされています。

常温熟成と低温熟成

ここまで見てきたように、熟成にとって温度はとても重要です。温度が高ければ高いほど、メイラード反応は促進され、色がどんどん濃く、香りも強くなる（いきすぎると老ね香）

からです。そのため、同じお酒を同じ長期間熟成にしたものでも、低温熟成をすればあまり色は変わらず（薄く黄色がかった山吹色になることはあります）、香りもさほど強くなりません。

以上のことから、長期熟成酒研究会では、熟成古酒のタイプを3種類に分けています。

濃熟タイプ：常温熟成。色や香りも濃く、味が劇的に変化している
中間タイプ：低温熟成と常温熟成を併用。濃熟と淡熟の中間の味わい
淡熟タイプ：低温熟成。口当たりがまろやかになり、味わいに幅のある深みがでている

熟成酒は古くて新しいお酒？

熟成酒の歴史は古く、それこそ鎌倉時代にはすでに日本酒の熟成古酒が文献に登場しています。そのころから体に良く、おいしいため、貴重品とされていました。この流れは江戸時代まで続き、楽しまれていたようです。

ところが一度、熟成酒はその歴史を途絶えさせます。さまざまな要因がありますが、一番大きいのは明治政府によって課せられた「造石税（ぞうこくぜい）」でしょう。これは日本酒を造った瞬

間に税金を取られるというものです。

たとえば、できあがったお酒を熟成酒にしようと思ったとします。ですが、お酒が完成した時点で税金をとられてしまうのが造石税です。その後、蔵で貯蔵して、熟成をし、3年経って出荷したら、そのお酒で得られる収入がようやく入ってくるのですね。本来なら入ってくる収入に対して税金をかけるべきなのに、できあがったものに対して税金をかけるので、早く商品を売ってお金を稼がないと税金が払えなくなってしまうのです。そのため、熟成酒を造るところはほとんどなくなりました。

戦中や戦後も食糧統制などによってお米の使用が制限されたため、造るのに時間がかかる古酒はほとんど造られませんでした。ようやく造られるようになったのは、昭和30年代のことです。造石税も、出荷時に酒税がかかる「庫出税(くらだしぜい)」へと変わったことで、再び古酒に取り組むところが出てきたのですね。このように、熟成古酒は歴史は古いけれども、一度歴史が途絶えたお酒なのです。したがって、ワインのような、100年を超える古酒が日本酒にはほとんどありません。古いけれども、新しいお酒と言えるのです。

そんな熟成酒の良さには近年耳目が集まっていて、長期熟成酒研究会のような組織があったり、熟成酒を主に扱う酒屋さんも登場しています。また、主に熟成酒を提供する日本酒バーもあります。熟成酒に慣れていない人は、ぜひ淡熟タイプから味わってみてください。だんだん味の濃いものを選んでいくといいでしょう。一度ハマると抜けだせない、それが熟成酒の奥深い世界なのです。

十一時間目のまとめ

醸造年度が切り替わると
その日本酒は「古酒」になる

◆

1年以上経つと古酒だが、
古酒として販売されているのは
3年以上のものが多い

◆

熟成すると、口当たりはやわらかく、
色は濃く、香りは強くなる

◆

熟成香と老ね香は紙一重。
いい香りかどうかで判断される

◆

色や香りの変化がゆるやかな
低温熟成と、変化が早い
常温熟成とがある

新たな潮流「クラフトサケ」

熟成酒という歴史を感じさせるお酒に対して、令和になって登場した未来のお酒、「新時代の日本酒」とも言えるお酒があります。それが「クラフトサケ」です。

クラフトサケは、理由は後述しますが厳密には日本酒ではなく、酒税法上では「その他の醸造酒」「雑酒」に分類されます。日本酒をベースとしながら従来の日本酒には含めることができない、さまざまなフルーツやハーブなどを副原料として加え、発酵させることで、日本酒にはない甘味や酸味が加わった、新しいタイプのお酒になっているのです。次々と新しいアイデアが登場している、非常に面白いジャンルとも言えるでしょう。この「クラフトサケ」とはいったいどういうものなのか、どういう成り立ちで誕生したのかをお話ししていきます。

お酒の世界のクラフトブーム

クラフト（craft）とは「工芸品」「技術」「職人」という意味です。お酒の世界に「クラフト」ブームをもたらしたのはビールでした。２０００年代にアメリカでクラフトビールが人気を博し、注目されると、２０１０年ごろから徐々に日本でもクラフトビールのブームが巻き起こります。このとき、大まかではありますが、クラフトビールは「小規模な醸造所がつくる、多様で個性的なビール」と定義されました。ただし、現在では大手メーカーが手がけるクラフトビールもあり、この定義もやや曖昧なものとなっています。

その次にブームを起こしたのが、蒸留酒のジンです。クラフトジンは、職人の強いこだわりを反映させた個性的なジンを指します。クラフトビールのジン版ということですね。２００８年にイギリスで小規模な蒸留所でもジン製造免許が取得できるようになり、無数の小規模蒸留所が生まれ、ジンブームが起こります。そこでこだわりをもったクラフトジンが次々と誕生していったのです。日本では２０１６年に国産のクラフトジンが登場し、クラフトジンブームが起きました。

クラフトサケも、ビールやジンと同じように、小規模製造所が造る個性的な日本酒と思ってもらって間違いありません。クラフトサケブリュワリー協会は「日本酒の製造技術をベースとして、お米を原料としながら、従来の『日本酒』では法的に採用できないプロセスを取り入れた、新しいジャンルのお酒」と定義しています。これだけだとピンとこない方も多いでしょう。クラフトサケの成り立ちを踏まえながら、詳しく見ていくことにします。

日本酒造りには免許が必要

日本酒だけでなく、お酒を造るためには酒類製造免許（酒造免許）が必要です。これはひとつを持っていたらあらゆる種類のお酒を造ることができるわけではなく、日本酒なら日本酒（清酒）用の、ビールならビール用の免許がそれぞれ必要になります。ただし、清酒用の免許は新たに取得することが認められていないため、酒造業への新規参入は非常に困難な状況が続いていました。これには日本酒の消費量が減っている中、新たに免許を発行して新しい酒蔵が次々と出てきたら、既存の酒蔵に影響が及んでしまうのを防ぐためなどの理由があります。

つまり、新しく日本酒を造りたいと考えたら、すでに免許を持っている会社にお願いをして委託醸造を行うか、すでに免許を持っている会社（休業していても免許は保持している会社が多い）から免許を譲り受けるか、いっそのこと会社ごと買収するかぐらいしか方法がなかったのです。

そこで考えられたのが「清酒」以外の免許を取得してお酒を造ろうということです。二時間目でも学んだように、「清酒」には厳密な規定があります。

- **米、米麹、水を原料とすること**
- **その他の原料は政令で定められた添加物に限り、重量も定められていること**
- **発酵させた後には「漉す」工程が必要であること**

たとえば、政令で定められていないフルーツなどを添加物として加えたら、それは清酒（日本酒）ではありません。他の面ではあらゆる工程で日本酒とまったく同じように造っていても、最後にフルーツを加えて発酵させると「その他の醸造酒」「リキュール」「雑酒」などの扱いになります（製法や成分によって異なります）。そして、その場合は該当する酒類の製造免許で造ることができる上に、これらの免許は新規に発行されるため取得することができるのです。

また、「漉す」部分に注目をすると、もろみをほぼそのまま漉さずに出荷する「どぶろく」は清酒ではありません。「その他の醸造酒」に区分されています。ということは、その他の醸造酒製造免許でどぶろくなら製造できるのです。そこで、従来のどぶろくとはまた違う、フルーツやハーブなどさまざまなものを加えた新たな形のどぶろくも造られるようになっていったのです。

こうして、あえて日本酒と呼べなくしたお酒、すなわち「従来の『日本酒』では法的に採用できないプロセスを取り入れた」お酒であるクラフトサケが誕生しました。フルーツを加えていたり、柚子や生姜などを加えていたり、ハーブを加えていたりするお酒は、日本酒をベースとしていながら、今までにない味ということで注目をされているのです。

法改正によってもクラフトサケが促進された(?)

もうひとつ、クラフトサケと法律に関する話があります。永らく清酒用の酒造免許は新規に発行されていませんでしたが、2020年4月に法改正が行われ、2021年4月より清酒免許である「輸出用清酒製造免許」が新規に認められるようになりました。その名の通り、日本国内では販売できませんが、海外に輸出する用の清酒だけならば造っても良いという免許になります。

実はお酒の免許で一番難しいのは、最低製造数量基準を満たさなければならないことです。清酒の場合は、年間で60㎘以上を造らなければなりません。これは一升瓶（1・8ℓ）に換算すると、3万3000本以上になりますので相当な量ということがわかるでしょう。まだ売れるかわからない、新しいお酒を造るにあたっては、ハードルを高く感じさせる基準ではあります。もちろん、簡単に廃業されると困るということで、きちんと商売をある程度以上の規模で続けなければ免許はおりないとするのは、正しい面もあるのですが、事業として安定するかわからない段階で、年間にかなりの量を造らなければならないのは、非常に厳しいと言えます。

新たに認められた輸出用清酒製造免許では、この清酒用最低製造数量基準が適用されないというのも大きなポイントになりました。もっと少量で良いのですから、参入に対する障壁が下がったことを意味します。さらには、少量であるならば、さまざまな工夫を凝らした高付加価値の清酒を製造しやすくなるというメリットもあります。

こうして限定的とはいえ、新たに日本酒造りを目指す会社が参入できるようになり、実際に参入しました。ところが、あくまで免許は「輸出用」であるため、日本国内ではお酒を販売できません。そこで、国内で販売するお酒を造るためにその他の醸造酒免許などを取得し、どぶろくなどを製造するところが増えたのです。日本酒を造る設備はすでにあるので、免許を取得するのが容易だったというのも大きいですね。そういった会社が、従来のどぶろくにさらに工夫をこらし、どぶろく系のクラフトサケを造っていったのです。

昔のどぶろくと今のどぶろくは異なる?

どぶろくというと、どうしても野暮ったいようなイメージを持っている方もいるかもしれません。そして、昔のどぶろくにもそういったイメージがありました。これは明治時代になり、酒造税法が制定(1896年)されるまではお酒の自家醸造は禁止されていなかったため、各家庭や米作りを行う農家などで日常的にどぶろくは造られていたからです。自家消費用であるならば、飲めれば良いのですから、洗練されたイメージは必要ありません。

明治時代(1899年)に自家用料酒税が廃止されたことによって、お酒の自家醸造は禁止されました。当時は酒税は税収の三分の一を占めていたため、きっちりと管理をしたかったということもあります。こうしてどぶろくも免許制になりました。ただし、日本の伝統食であるため、製造を規制するのはおかしいという裁判、通称「どぶろく裁判」などが行われ、製造の自由化への闘いが今もなお続いています。

そうした流れもあり、2003年には一部の地域で「どぶろく特区」制度が適用されることになりました。正確には「構造改革特別区域法による酒税法の特例措置」と言います。これは、特定のエリアでどぶろくを製造するときに、最低製造数量基準を適用しないというものです。よくある誤解なのですが、特区の中では誰でもどぶろくを造っていいというものではなく、酒造免許は必要なのです。どぶろくは年間6㎘(一升瓶で3333本ほど)を造らなければならないのですが、その基準を適用しないという制度なのですね。このおかげで民宿やレストランなどが気軽に造ることができるようになりました。昔のどぶろくに、「自家製」のイメージがあるのはこういった理由があるのです。

一方で、クラフトサケとして登場するどぶろくは、単なるどぶろくというよりも、フルーツやハーブを加えた自由な発想で造られたものです。たとえばビールに用いるホップというハーブを加えたり、ブドウや桃などのフルーツを加えたりするものもあります。何も加えていないどぶろくも、飲みやすいようにアルコール度数を調整したり、より脂の多い食事に合うよう酸度を高めたり、さまざまな工夫をこらしています。野暮ったいイメージとはまったく異なると言えるでしょう。

クラフトサケは高い？

クラフトサケは四合瓶で見てみると、日本酒よりもやや高めの金額となっているものが少なくありません。これは、副原料としてさまざまなものを用いているため、原材料費がかかってしまい、高くなるのです。

もちろん、価格差が味に見合わないというわけではありません。それでも、高いと思ったら、ハレの日などに飲んだり、贈りものにしてみると良いかもしれませんね。

クラフトサケの面白さ、自由さは飲み手だけでなく、造り手も魅了するほどです。一部のクラフトサケメーカーは、日本国内用に酒造の免許が欲しいですか？　と聞かれた際に、今はクラフトサケがあるから欲しいとは思っていないと答えたほど。この新しいお酒は今後ますます発展していくと思われます。注目していきましょう。

十二時間目のまとめ

日本酒をベースとしながら従来の
日本酒には含めることができない
お酒がクラフトサケ

◆

クラフトサケには、
従来の日本酒には入れられない
フルーツやハーブを
入れたものがある

◆

どぶろくは酒税法上では
「清酒」ではないため、
さまざまなフルーツなどを加えて
クラフトサケにもなっている

◆

法律によって、クラフトサケが
促進されている面がある

結局日本酒はどうやって選べばいいの？

ここまでの講義でだいぶ日本酒に関する知識がついてきたと思います。あとはそれを応用するだけ。そう、今までの知識を使って自分の好みの日本酒を選ぶのです。

とは言っても、そうそうスパッと選ぶことはできませんよね。実は、今まで学んできたことの中でも、特に味わいにはっきりと差が出るポイントが三つあります。今回はこの三つのポイントを使ってお酒を選ぶ方法について学んでいきましょう。

便利だけどラベルに記載されていない分類法がある

その前に、お酒の分類について、便利だけれどもラベルに記載されていないものを紹介しましょう。唎酒師（ききさけし）の資格などを管理する「日本酒サービス研究会・酒匠研究会連合会（SSI）」によって提案された「日本酒の香味特性別分類（4タイプ）」です。

薫酒（くんしゅ）：フルーティーで華やかな香りを持つ、軽快な飲み口のお酒
爽酒（そうしゅ）：香りが控えめで、軽快ですっきりとしたキレのある飲み口のお酒
醇酒（じゅんしゅ）：米の旨味やコクを感じさせる、ふくよかという表現がぴったりのお酒
熟酒（じゅくしゅ）：黄金色などの色や、ドライフルーツやスパイスにたとえられる熟成香を持つお酒

もともと「気軽に日本酒を楽しみたい」「日本酒と食事を楽しみたい」という初心者に向けて考案された分類方法です。そのため、醸造方法などは知らなくても良く、ラベルの情報も読み解かないでも、この分類に当てはめれば、好きなタイプのお酒を選べます。

ただし、くり返しにはなりますが、この情報はラベルに記載されていないのです。そのため、これらのタイプで分けて提供してくれる飲食店などでは大いに参考になりますが、自分でお酒を買う場合は酒屋さんが分類してくれていない限り、すぐ利用するのが難しいのです。便利だけれども、これにだけ頼ると、適用できないお酒（情報が載っていないため）があると覚えておきましょう。

モダンとクラシックによる分類

もうひとつ、ラベルに記載されていないけれども、日本酒を分類する基準として、主に好事家の間では広まっている「モダン」「クラシック」があります。新潟県の『カネセ商店』という酒屋さんが提唱したもので、すべての日本酒をこの2種類、さらにこの中で味の濃淡によって3種類ずつ、合計6種類に分類するというものです。

モダンとは「革新」であり、クラシックは「伝統」のことです。これを日本酒に当てはめると「モダン：冷酒向け。フレッシュ感のあるタイプ」「クラシック：お燗との相性も良く、落ち着きのあるタイプ」となります。

そこに、ワインの世界で味わいの濃淡を表すのに用いられている「ライト」「ミディアム」「フル」という要素を加えるのですね。

この分類は非常に優れていて、ほぼすべてのお酒を当てはめることができます。低アルコール度数の発泡タイプは「モダン／ライト」だったり、熟成酒だったら「クラシック／フル」でしょう。

ただし、これも残念ながら必ずしもラベルに記載されてはいないのです。対応しているお店では大いに参考にしつつ、そうでないところでは、ラベルの情報から考えてお酒を選ぶしかありません。

まずは「生酒」か「火入れ」のお酒か

では、ラベルに記載されている情報で、どこに注目をすればいいのでしょうか。最初に注目するべきところは、お酒の名前に「生」が入っているかどうか。つまり、「生酒」なのかどうかです。生酒は加熱殺菌処理である火入れ作業をしていないお酒でしたよね。これが味に大きく影響を与えるのです。

生酒と火入れ酒の味わいの違いは、牛乳にたとえて想像するとわかりやすいでしょう。生は牧場で飲むそのままの牛乳、火入れは加熱殺菌をした牛乳です。牧場で飲む牛乳

モダン	ライト	フレッシュ感があり軽い口当たり
	ミディアム	華やかな香りにフルーティーで柔らかな味わい
	フル	酸がしっかりしたメリハリのある生原酒のようなタイプ
クラシック	ライト	香味は控えめですっきりとした飲み口
	ミディアム	香り控えめながらほどよい柔らかな味わい
	フル	熟成感あり、色合いもやや琥珀色。熱めのお燗も受け止めるタイプ

モダンやクラシックのそれぞれの特徴

はとてもフレッシュで濃厚な味わいです。一方で、加熱殺菌をした牛乳はフレッシュさはないものの、毎日飲んでも飲み飽きない味わいになります。

これと同じように、生酒はフレッシュな酸味と華やかな香りで、さらに新酒だったら炭酸感などのみずみずしさも感じさせるお酒です。火入れ酒は落ち着いた、おだやかでやわらかな口当たりになり、酸味も甘味も突出していない、香りもそこまで華やかではないお酒になります。火入れのお酒は料理の味わいの邪魔をしないため、食中酒に向いていますね。

というわけで、フレッシュな味わいや華やかな香り、甘酸っぱさを求める人は「生酒」を、おだやかな風味と香り、そして落ち着いた甘味や酸味を楽しみたい人は「火入れ」のお酒を選びましょう。もちろん日本酒の世界はとても例外が多いので「火入れなのに生酒のようなフレッシュさが！」というタイプのお酒も存在します。ですが、それはあくまで例外であり、そんなに多いわけではありません。生酒と火入れ酒でタイプを分けた方が、好みのお酒に当たる可能性はとても高くなるのです。

ちなみに「生」系のお酒は火入れのタイミングで「生詰酒」や「生貯蔵酒」などの種類

があるとお話ししました。生詰酒と生貯蔵酒とでは、生貯蔵酒の方が旨味がのっている傾向がありますが、これも厳密なものではないので、そこまで気にしなくてもかまいません。まずは、まったく火入れをしていない「生」と書いてあるのかだけをチェックしましょう。火入れのお酒には「火入れ」と明記されていないものが多いからです。生とも火入れとも書かれていないのだったら、そのお酒は火入れ酒となります。

フレッシュな酸味や華やかな香りのお酒が飲みたいときは「生」と書かれているお酒を選び、ゆっくりと料理に合わせて味わいたいときには火入れのお酒を選ぶのが、日本酒選びのコツになります。

「原酒」かどうかも要チェック！

次にポイントになるのは「原酒」かどうかです。日本酒はできたての状態だとアルコール度数が20度前後にもなります。そこで瓶詰めをするときに水を加える「加水」を行い、アルコール度数を15度前後になるよう調整しているのでしたよね。

加水をした日本酒はアルコール度数が薄まると同時に、香りや味も少しだけ薄まってしまいます。これは水を加えているのだから、どうしてもそうなってしまうのですね。対して原酒は水を加えていないので、味が薄まっていない、日本酒の持っている甘味や旨味、そして酸味などをすべて強く感じる濃厚な味わいになります。

こう聞くと、原酒はいいことずくめのような気がしますが、そうでもありません。味の濃い料理ばかりを食べていると胸焼けをしてしまうように、原酒ばかりを飲んでいると飲み疲れてしまうことがあるのです。ゆっくりと、たっぷり日本酒を楽しむのだったら、加水の方が向いていることも多いのですね。実際、原酒を飲んでいてちょっと飲み疲れたなと思ったら、ほんの少しだけ自分で水を足すのもいいでしょう。そうすることで、グッと飲みやすくなります（あまり入れすぎては味が薄まりすぎてしまうのでダメですよ！）。

一昔前は、日本酒に加水をするのは当たり前でした。そのため、加水されていてもラベルに「加水」と書かれてはいません。ラベルの表記では「原酒」か「何も書かれていない」かで区別するといいでしょう。

濃厚な味わいの「生酛」「山廃酛」

最後のポイントは、そのお酒が生酛や山廃酛かどうかです。生酛も山廃酛もいわゆる自然の中の乳酸菌を使い、菌達に生存競争をさせて造る日本酒だと六時間目で学びました。

速醸酛が温室でぬくぬくと育てた花だとすると、生酛や山廃酛は雑草などが生えている中で生存競争をさせながら育てた花ですね。

生酛や山廃酛のように生存競争をさせると、酵母の生命力が強くなるとされています。その結果、できあがる日本酒も通常より力強く濃厚で、旨味と酸味の強いものになるのです。一方の速醸酛はすっきりとした味わいや、繊細な味わいのお酒が多くなります。もちろんこれにも例外はありますが、旨味がたっぷりとのった日本酒を飲みたい場合には「生酛」もしくは「山廃」とラベルに書かれているものを選ぶといいでしょう。

三つの軸で好みのお酒を探そう

このように、ラベルに記載されている情報で、日本酒の味わいに大きく影響するのは三つの軸です。これに比べれば、他の要素の味わいの差は小さいと言えます。

- 「生酒」か「火入れ」か
- 「原酒」か「加水」か
- 「生酛」「山廃酛」か「速醸酛」か

これらの要素は今までに学んできたように組み合わさります。「生酒」で「原酒」で「生酛」だったら「生酛生原酒」となるのです。そして、どの軸も前者の方が味が濃く、後者の方がスッキリタイプになります。

この中でまず最初に飲んでみて欲しいのは、「生酒」で「原酒」のもの、つまり「生原酒」です。「生」らしい華やかでフレッシュな香りと、「原酒」ならではの濃厚さがあわさって、とてもおいしいお酒です。「無濾過」を組み合わせて、「無濾過生原酒」になると、さらに味のインパクトがある、できあがったお酒そのままの味がします。さわやかな甘味とフルーティーな香り、ちょっと高めのアルコール度数を持っているので、基本的には少量ずつ楽しみながら飲むのに向いているお酒です。

この「無濾過生原酒」をひとつの軸足にして、他のお酒を飲んでいくと、より自分の好みが明確になっていきます。ここからもっと香りが穏やかな方がいいのか、甘酸っぱさはない方がいいのか、度数は低めがいいのか、旨味が強い方がいいのかを探っていくのです。

そのあとは、無濾過生原酒と、生酛無濾過生原酒もしくは山廃無濾過生原酒の味を比べてみましょう。これで生酛・山廃酛タイプが好きなのか、そうでないのかがわかります。

そうしたら次は、無濾過生原酒系と、濾過してある火入れ加水のお酒を比べるのです。

このようにして、たとえば自分は無濾過生原酒タイプが好きだということがわかったとします。そうしたら、その中で特定名称酒の違いなどを少しずつ味わっていけばいいというわけですね。どんどん飲んで、自分が好きなお酒のタイプを把握していきましょう。

最終的にはジャケ買いもあり

今までの説明はなんだったのかと思われるかもしれませんが、悩んだときはラベルを見てピンとくるものを選ぶ、つまり「ジャケ買い」をするのも手です。

ラベルのデザインは、適当に決めているわけではありません。蔵元がこのお酒はこういう味わいだし、こういうイメージがいいと考えて制作するのです。たとえばモダン／ライトな味わいのお酒だったら、イラストをふんだんに使ったり、おしゃれなイメージのラベルになる傾向があるのですね。間違っても筆文字で、画数の多い漢字の名前にはなりません。イメージが違うからです。

したがって、ラベルを見てピンときたお酒は、自分好みのお酒である可能性が非常に高いと言えます。まずはジャケ買いをし、飲んでおいしかったら改めて名前から製法などを確認し、自分はこういうタイプが好きなんだと確認するのもいいでしょう。

十三時間目のまとめ

日本酒の香味特性分類や、
モダン／クラシックという分類が
あるが、残念ながらラベルに
記載されていない

◆

日本酒のラベルで見るべき
ポイントは三つ。ここで大きく味の
方向性が変わる

◆

フレッシュで華やかな「生酒」か、
穏やかで食中酒に向いている
「火入れ」か

◆

濃厚でアルコール度数も高い
「原酒」か、度数も低く
すっきりとした「加水」か

◆

旨味や酸味が強く力強い「生酛」
「山廃酛」か、繊細な「速醸酛」か

◆

これらの軸を組み合わせて、
自分の好みの日本酒を探そう

特別授業③

低アルコールタイプの日本酒が増えている

日本酒のアルコール度数は他の醸造酒に比べても高いため、たくさんの量を飲むのに向いていません。そこでオススメしたいのが、2010年代から徐々に発売されている低アルコール原酒タイプの日本酒です。正確にはアルコール度数13%以下の原酒をそう呼ぶことが多いだけで、明確なカテゴリーが確立しているというわけではないため、ラベルに「低アルコール原酒」と書かれていないことに注意してください。

文字通り、度数が13%ぐらいのため、通常の日本酒の15%より低くなっています。アルコール度数が低いと、途中で加水をしていて味も薄まっているのではと思われがちですが、これは「原酒」のため、しっかりとした味わいなのですね。度数が低くて満足感がある、日本酒初心者にとってある意味では理想的なお酒になっているのです。

単にアルコール度数を低くしたお酒なのかというと、なかなかこれが実に大変な造り方をしています。そもそも、現在の醸造技術では、アルコール度数を高めることはやりやすいのですが、低くするのは意外と難しいのですね。各社さまざまな方法で造っていますが、一番多いのは発酵中のもろみの段階で少し水を多めにしてアルコール度数を調整するやり方のようです。

原酒ではなくても、低アルコールタイプの日本酒もあります。特に、スパークリング日本酒と呼ばれる、発泡系のお酒は5％前後のものが多いですね。スパークリング日本酒には、シャンパンと同じように瓶内二次発酵のものがあります。いったんできあがったお酒を瓶に詰めて、酵母を入れてさらに発酵させて炭酸ガスを生み出す方式ですね。他には、加水し度数を調整して、炭酸ガスを封入するやり方もあります。

これらのお酒は、基本的には甘酸っぱいお酒が多く、飲みやすいため、日本酒初心者にもぴったりです。ラベルを見るときのさまざまなポイントについて話してきましたが、「アルコール度数」にも注目をしてみてください。

多彩な飲み方

おはようございます…
ぐえええ
あらあらどうしたんですか？
これは吟醸で
これが純米吟醸～!!
復習していたら飲みすぎちゃって…
ビールと日本酒一緒に飲んだのがいけなかったんでしょうか…
うっ
んん？
あれ？ちゃんぽんってよくないとか
いいませ…あれ？
どうやら日本酒を知る前に
お酒の飲み方を知る必要がありそうですね！
ハイボール！
えっどういう

5章 日本酒の

ごくごく
はー
お酒の飲み方かー…
考えてみたことがなかったです
一気飲みはよくないとかそのくらいで…
ふー
一気飲みをしなくても際限なく飲み続けると
どんな人でも泥酔してしまいますからね…

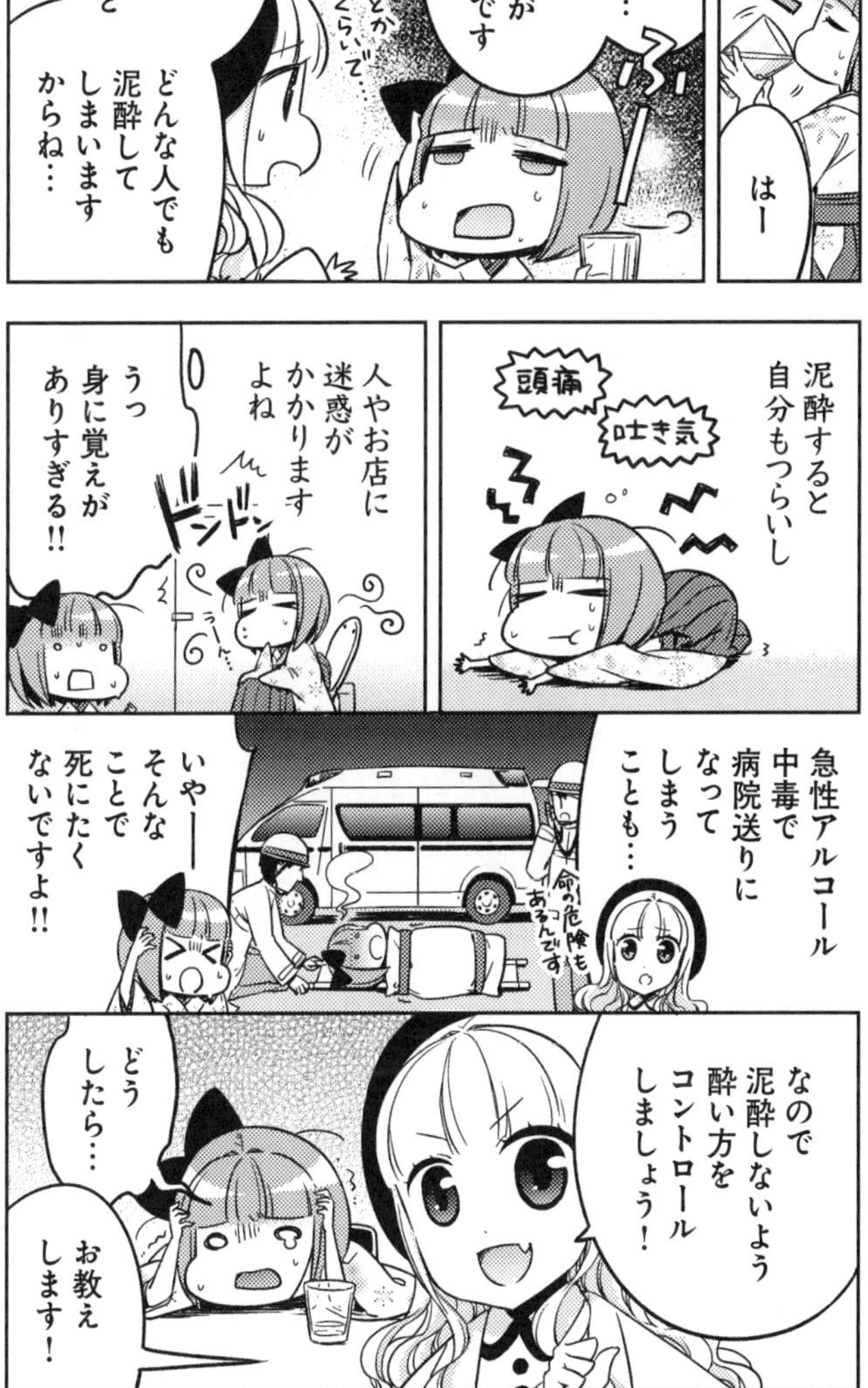
泥酔すると自分もつらいし
頭痛
吐き気
人やお店に迷惑がかかりますよね
うっ身に覚えがありすぎる!!
ドンドン
うーん…
急性アルコール中毒で病院送りになってしまうことも…
命の危険もあるんです
いやー そんなことで死にたくないですよ!!
なので泥酔しないよう酔い方をコントロールしましょう!
どうしたら…
お教えします!

日本酒で悪酔いしないためにはどうしたらいいの？

自分好みのお酒を把握したら、次は自分好みの飲み方を追求していきましょう。日本酒は味わいの種類がたくさんあるだけでなく、飲み方も多彩なお酒です。同じお酒でも、飲み方によってがらりと表情を変えるのですね。飲み方を追求することによって、より自分の好みにぴったり合うお酒を飲めるだけでなく、若干好みの範疇（はんちゅう）から外れていると思ったお酒でも、おいしく飲めるようになるのです。

まず学ぶのは、無理のない飲み方です。お酒はおいしい飲みものですが、怖いものでもあるということはご存じでしょう。一番身近な問題は、やはり飲み過ぎによって気分が悪くなってしまうこと。その場で気分が悪くなることもあれば、しばらく時間が経ってから気持ち悪くなることもあります。翌日に具合が悪くなる、いわゆる二日酔いですね。さらに、最近ではニュースになることは少なくなりましたが、一気飲みなどをして急性アルコール中毒になって死んでしまう例もあります。

これらはすべて、無理のない飲み方を知らなかったために起こると言っても過言ではありません。今回は上手なお酒の飲み方、つまり「悪酔いしない飲み方」について学んでいきます。

そもそもなぜお酒を飲むと具合が悪くなるのか

最初に確認するのは、なぜお酒を飲むと具合が悪くなるのかです。同じ量を飲んでいても、あの人は大丈夫なのに自分は具合が悪くなったり、先日は大丈夫だったのに今日は具合が悪くなったり、個人差や体調差がありますよね。これはいったい何故なのでしょうか。

身も蓋もない言い方をしてしまうと、そもそもお酒の主成分であるアルコールが、基本的には人体に毒なのです。飲むと脳細胞などの働きを低下させる「酔い」を感じますよね。体内の機能を低下させるという意味で、人体にとって危険な異物、すなわち「毒」であると言い切れるのです。

ということは、アルコールを摂取したら、どうにかしてこれを無害化しなければなりません。そこで体内にある酵素によって分解するのです。人によってこの酵素の働きに強い弱いがあるため、お酒に対しての強い弱いが生じます。

お酒は肝臓で分解されるということはご存じでしょう。肝臓にある酵素によって、アルコールはアセトアルデヒドという物質に分解され、アセトアルデヒドは同じく肝臓で別の酵素によって酢酸に分解されます。酢酸はいわばお酢で、人体にとって無害な物質なため、酢酸まで分解できれば、解毒が完了するのです。ちなみに分解されないアルコールは約2%から10%ほどあり、呼吸や汗、尿として排出されます。お酒を飲んだ後に息が酒臭くなるのはこういうメカニズムがあるからです。

分解の途中で生まれるアセトアルデヒドは、非常に毒性が強く、細胞を傷つけ、がんなどの原因になります。さらに血管を拡張させて顔を赤くしたり、頭痛や吐き気の原因になります。だいたいお酒を飲んで不快な症状が出るというのは、アセトアルデヒドのせいと考えるといいでしょう。

アルコールを分解できるタイプ、できないタイプがいる

お酒に強い人、弱い人の中でもさまざまなタイプがいるのは、分解すべき対象がアルコールとアセトアルデヒドの二つあり、それぞれ分解できる能力が異なるためです。

お酒に弱い人、つまりお酒を飲むと具合が悪くなる人は、アルコールは分解できてもアセトアルデヒドを分解できない人です。少しだけしか飲んでいなくても、気分が悪くなることがずっと続く……つまりは下戸ですね。このタイプは日本人の約7％を占めると言われています。アルコールよりも毒性が強い、アセトアルデヒドを分解できるかどうかがお酒に強い弱いを決めるのですね。

お酒が飲める、つまりはアセトアルデヒドを分解できる人の中でもタイプが分かれます。アルコールの分解力が弱い場合は、不快な症状は出ないものの、翌日までアルコールが残る、ようするに酒臭い状態が長く続くのです。これは欧米人に多いタイプで、日本人では約4％ほどと言われています。

アルコールもアセトアルデヒドも分解する力が強い人は、お酒を飲んでも不快な症状が出にくく、アルコールの分解も進むため、翌日にも残りません。そのため、酒飲み（大酒飲み）になる傾向があります。ただし、両方の分解がどんどん進むので、肝臓に負担をかけやすいタイプでもあるのです。日本人の約54％がこのタイプと言われています。

アセトアルデヒドを分解する能力がそこそこな人は、いわゆる「お酒にやや弱い」タイプです。不快な症状がしっかりと出るので、お酒に弱いと判断するけれども、下戸というほどではないタイプですね。このうち、アルコールを分解する能力が弱い人はアセトアルデヒドがゆっくり造られることになるので、顔が赤くなる反応が弱くなります。そのため、自分はお酒に強いんだと勘違いしやすいタイプでもあるのです。日本人の約3%がこのタイプと言われています。

アルコールはしっかり分解できるけれども、アセトアルデヒドはそこそこ分解できるという人は、すぐにアセトアルデヒドができるため、顔が赤くなったり不快な症状が出やすくなります。気持ちが悪くなったりするけれども、翌日にあまりお酒が残らないというタイプですね。日本人の約33%がこのタイプと言われています。

お酒に強い弱いには、このように何段階かあるのです。少しややこしいのでページ下部にまとめてみました。

アセトアルデヒド分解［弱］	アセトアルデヒド分解［中］	アセトアルデヒド分解［強］
下戸	顔が赤くなるのが遅いため、自分が飲めると勘違いしやすい	不快な症状は出ないけど翌日まで酒臭くなる
下戸	顔がすぐ赤くなり、不快な反応が出やすいが、翌日にはあまり残らない	不快な症状は出ないけど酒飲みになる傾向があり肝臓に負担をかけがち

お酒の量を把握しよう

どのタイプの人であれ、必ず酒量の限界はあります。限界を超える分だけ飲んだら、気分が悪くなってしまうのですね。そのため、自分がどれだけ飲めるのかを把握することが重要になります。

このとき、違う種類のお酒を飲む、つまりちゃんぽんにすると酒量がわかりにくくなります。乾杯でビールを飲み、その後に日本酒を飲むとした場合、それぞれアルコール度数も異なりますし、どれだけ飲んだのか把握しにくいですよね。

では、どうやって酒量を把握すればいいのでしょうか。ここで使いたいのが「アルコールの1単位」です。これは純アルコール20gを基準として、お酒の量を把握するというもの。と、いきなり言われてもよく分からないと思うのでもう少し詳しく説明していきましょう。たとえばビールの場合、アルコール度数は5%です。500㎖の中瓶があったとき、その中のアルコール量は500×0・05＝25㎖となります。アルコールは水に比べて軽いため、比重は0・8です。したがって、重さは25×0・8＝20gとなります。これが、ビール500㎖の中に入っているアルコールの量＝20gというわけです。

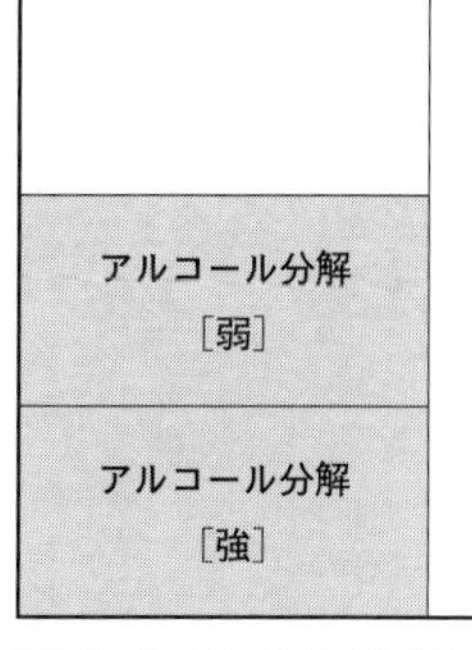

アルコールとアセトアルデヒドの分解力による分類

このように、飲んだ量にアルコール度数と比重をかけ算することによって、そのお酒の中のアルコール量を求めることができます。その20ｇ分を1単位として、お酒を測りましょうというわけですね。この合計値で判断すると、異なるお酒を飲んだときでもアルコールの総摂取量がわかりやすくなるのです。では、他のお酒でも、よく飲まれている分量に含まれているアルコール量をまとめた図（漫画版より引用）を見てみましょう。次ページをご覧ください。

これを見るとわかるように、ビール５００㎖と日本酒１８０㎖はほぼ同じアルコール量になります。ビール中瓶1本は日本酒の1合と同じと覚えておきましょう。そのため、乾杯でビール５００㎖を飲み、その後に日本酒１８０㎖を飲んだら、お酒の単位としては2単位分を飲んだ計算になります。ちなみによく出てくる「1合」は１８０㎖を表す単位です。10合で1升になり、１８００㎖（1・8ℓ）です。

この図が大まかにでも頭に入っていると「ちゃんぽん」をしたときにどれだけお酒を飲んだのかを把握しやすくなります。よく「ちゃんぽんで飲むと悪酔いする」という話がありますよね。これを正確に言うと「ちゃんぽんで飲むと、気分が変わってつい飲み過ぎてしまう」ことから悪酔いになると言われています。一昔前は飲んだアルコールの種類が異

星海社 COMICS『白熱日本酒教室』1 巻 86 ページより

なると（特に醸造酒と蒸留酒など）分解に手間がかかるので悪酔いになるからちゃんぽんは良くないと言われていましたが、現在は純粋にアルコールの量が問題であるとされています。

たとえば今日は3単位分を飲もうと思ったとしましょう。乾杯でビールを中瓶1本分飲み干した後に、日本酒を1合飲みました。最後にウイスキーを飲もうと思ったら、すでに2単位分を飲んでいるので、ダブル1杯でとどめておけば3単位分になるというわけです。

自分にとっての適量を把握しよう

体重約60kg前後の平均的な日本人の場合、1単位分のお酒を30分以内に飲むと、アルコールを分解するのに約3時間かかります。そして2単位分を飲むと、約7時間ほどかかります。というわけで、一晩に分解できるお酒の量は2単位分と考えるといいでしょう。お酒を分解できるまでの時間が、酔いの覚めるまでにどれだけ時間がかかるかの目安になるのです。翌朝にお酒が残らない「適量」ですね。

この数値にはもちろん個人差があります。なぜ体重を持ち出したかというと、肝臓の大きさが体重に比例するためです。肝臓が大きければその分お酒を分解する能力も高まりますので、もっと体重の多い人は2単位以上が適量となるでしょう。その逆に、体質的にお酒に弱い人や体重の軽い人、そして女性は分解にもっと時間がかかるため、適量はもっと少なくなります。

お酒に慣れていない人や、自分の限界がわからない人の場合は、2単位分のお酒を飲むことを心がけましょう。つまり、日本酒なら2合分です。この量を飲んでも翌日まで残らず、大丈夫だったというのなら、平均よりもお酒に強いことがわかります。この量でふらふらになったり不快な症状が出た場合は、お酒に弱い人と言えるでしょう。

いちいち飲んだお酒の量を覚えていられないというときは、飲んだお酒を写真に撮っておくのがオススメです。後で見返せば、その日の酒量がわかりますよね。お店で撮る場合は、お店の方に許可を得て、写真を撮るようにしましょう。

健康的に飲むための適量も覚えておこう

厚生労働省は「生活習慣病のリスクを高める量」として、1日当たりの純アルコール摂取量が男性40g以上、女性20g以上としています。女性の方が体が小さく、肝臓が小さいことや、体内の水分量が少ないこと、さらにはエストロゲン（女性ホルモンの一種）等の働きによってアルコールの影響を受けやすいことが合わさり、女性の方が少量で大きく影響が出るとしているのです。

また、週に150g以上の飲酒で健康に影響が出るという研究結果も出ています。そのため、1日2単位までを週に3日ぐらい飲むといいでしょう。残りは休肝日に当てるのです。長くお酒を楽しむためにも、健康に気を遣い、酒量を常に把握していきたいですね。

お酒の分解のメカニズムから飲み方を考える

お酒を飲むとき体内ではどんなことが起きているのでしょうか。まず、口から入ったアルコールは胃で約2割が、残りは小腸で吸収されます。このとき、体の中に食べ物があると、胃は食べ物の消化に忙しく、アルコールをあまり吸収せずに腸に送るのです。腸で食べ物と一緒に吸収した方が、アルコールがゆっくり肝臓に送られます。お腹が空っぽのときに飲むと急速に酔いが回る、というのは、すぐにアルコールが吸収されるからなのですね。

吸収されたアルコールは血液を通じて全身にいきわたり、最終的に肝臓へ運ばれます。アルコールは肝臓でアセトアルデヒドに分解され、アセトアルデヒドはさらに酢酸に分解されます。酢酸は血液によって全身をめぐり、筋肉や脂肪組織などで水と二酸化炭素に分解され、体外に排出されます。
問題になるのは、アセトアルデヒドです。非常に毒性の強い物質で、分解されないで体内に留まっていると二日酔いの原因になると言われています。なので、アセトアルデヒドが生じたらできるだけ早く分解することが、悪酔いしないコツになるのです。

肝臓がお酒を分解する能力には個人差があり、一度にどれくらいの量を分解できるかは人によって異なります。これは遺伝が絡むので、努力ではどうしようもありません。そして、肝臓が処理できない量が一度にくると、分解できなかったアルコールやアセトアルデヒドは血液に乗って全身を巡り、再び肝臓へとたどり着きます。この、全身を巡るときに通過する部位で悪さをするのですね。

ここでポイントになるのは「処理できない量が一度にくると」の部分です。つまり、肝臓が処理できる量だけ順次アルコールが送られれば、症状は抑えることができるのです。アルコールが微量に含まれたケーキなどを食べても、あまり酔っ払ったりしないのは、こういう理由があるからですね。また、お酒に弱い人でもアルコール度数の高いウイスキーなどを楽しめるのは、ゆっくりと時間をかけて飲むことで、一度に処理できる量しかアルコールを肝臓に送らないようにしているからです。逆に一気飲みが危険なのは、処理能力を超える量が送られて、全身をアルコールが巡ってしまい、急性アルコール中毒になりやすいからですね。

以上のように、お酒を飲むときは、できるだけ少しずつ、ゆっくりと時間をかけて飲むことで、肝臓の処理能力を超えないようにするのが、悪酔いしないコツになります。前述の適量のところでも「1単位分のお酒を30分以内に飲むと」と書いているのは、こういう理由があるからです。お酒に弱い方は、1単位分のお酒も30分以上かけて飲むようにすると、不快な症状が出にくくなります。

とにかく水を飲もう

もうひとつ、悪酔いをしないコツは「水を飲むこと」です。そもそもアセトアルデヒドの分解には水分が必要です。そして何より、水を大量に飲むことによって、体の中でお酒を薄めることができるのですね。

たとえば、アルコール度数15%のお酒を飲んでいるときに、同時にそのお酒の倍量の水を飲んだとしましょう。すると、アルコール度数は5％ほどになります。その分、一度に肝臓に送られるアルコール量も少なくなるというわけですね。

ウイスキーを飲む時にはチェイサーと言いますが、日本酒の世界では一緒に飲む水のことを「和らぎ水」と言います。和らぎ水を飲むことで血中アルコール濃度が下がるため、酔う速度がゆっくりになり、口の中がリフレッシュされて舌の感覚を鈍らせずにおいしく次のお酒や料理を味わうことができるのです。さらに、アルコールには利尿作用があり、飲んだ以上の水分が尿として排出されてしまう効果があります。そのため、お酒だけを飲んでいると、脱水症状になってしまうのですね。実際、真夏のビアガーデンでは、ビールだけを飲んでいて脱水症状になって倒れる人が毎年少なからずいます。また、飲み過ぎた翌日には暑かったり寒かったりだるかったり体が痛くなったりすることがありますが、これらも脱水症状の一部なのです。脱水症状を防ぐには、もちろん水を飲むのが一番。これだけいいことだらけなので、積極的に水を飲んでいきましょう。

では、お酒を飲むときには水をどのぐらい飲めばいいのでしょうか。一般には、飲んだ日本酒と同量を飲むといいという話がありますが、お酒に弱い自覚がある人や、不快な思いをしたくない人は、飲んだ日本酒の倍量の水を飲むといいでしょう。この際、お酒だけを飲んで次に水だけを飲むよりは、交互に飲む方が効果的です。

なお、水分補給にスポーツドリンクや経口補水液を飲むのも効果的です。味がついているものを一緒に飲むと、お酒の味わいが崩れてしまうことがありますので、主にこれはお酒を飲んだ後の水分補給の際に飲むといいでしょう。スポーツドリンクはアルコールの吸収を早めてしまい、早く酔いが回って良くないという言説がありますが、これは正しくありません。正確には、アルコールの吸収が早くなったという実験結果は報告されていないのです。体内に水分がすばやく吸収されるので、回復が早まると覚えておきましょう。

他にも悪酔いしない飲み方はあるの？

時間をかけて飲む、水をたくさん飲む以外の方法でも悪酔いは防げます。まず大事なのは食事しながら一緒に飲むこと。体内での吸収をゆっくりにします。また、おかずとご飯を一緒に合わせて食べるように、料理とお酒を合わせて飲むことでお互いの味をひきたたせ、よりおいしく味わえる効果もあります。

おちょこで飲むのも実は重要です。おちょこはあまりたくさんのお酒が入りません。そのため、一気にたくさん飲んでしまうということを防ぐことができるのです。つまり、自動的にゆっくり時間をかけて飲むことにつながります。少しずつ飲むことで肝臓に負担をかけることなく分解することができるのですね。

さらにお酒の温度を上げることも効果的です。温かいお酒で体温が上がると胃腸の働きが活発になり、早くお酒が吸収されていくからです。逆に、冷たいお酒を飲んだときには体温を下げてしまい、胃腸の働きが鈍り、吸収が遅くなります。すると、まだ吸収されていないときに自分は酔っていないと思い、さらにお酒を飲んでしまい、気がついたときには自分の許容量以上のお酒を飲んでしまうことがあるのです。冷たくて心地よいお酒をクイクイ飲んで、翌日にひどい目に遭うのはこういう理由があるのですね。温めたお酒だったら、すぐに酔いを感じるため、結果的にお酒をセーブすることにつながるのです。

ウコンって効くの？　肝臓水解物は？

お酒を分解する手助けをしてくれるウコン製品は大人気です。ウコンを飲んだら悪酔いしなかった、という話もよく聞きますよね。でも本当にウコンは効くのでしょうか？

ウコン、英語で言うとターメリックは漢方の材料として古くから使われてきました。効能としては、胃の調子を整えたり（健胃薬）、胆汁を出すことを促したり、肝臓の働きを助けることが挙げられます。ただし、お酒の分解に対するきちんとしたエビデンスはないようです。過信は禁物で、あくまで分解を少し助けるだけで、これさえ飲んでおけばいくらでもお酒が飲めるという魔法のようなアイテムではないと考えましょう。

また、悪酔いをしないために良く使われているのが「ヘパリーゼ」や「レバウルソ」といった「肝臓水解物」です。これは牛や豚の肝臓（レバー）に酵素を加えて加水分解し、固めたものです。なぜこれが効くのかというと、こちらも漢方に関係があります。漢方の「医食同源」という言葉を聞いたことがある人も多いでしょう。食べ物も薬も同じものであるので、日頃の食事に気をつけて、病気に負けない体になるという思想です。そして、医食同源の考え方のひとつに「同種同食」があります。体のどこかの調子が悪ければ、それと同じ部位を食べるとその調子を整えることができるという考え方ですね。つまり、胃の調子が悪ければ胃を、肝臓の調子が悪ければ肝臓を食べるといいというわけです。その部位を動かすのに必要な栄養素はその部位に蓄えられることが多いので、割と理にかなった考え方ですね。

というわけで、肝臓の働きを助けるには同じ肝臓が一番です。でも、そうそうレバーを食べることはできません。なので肝臓を錠剤や液体にした肝臓水解物を摂るといいという発想です。さらに、一度加水分解していることで、吸収しやすい形になっているのもポイントになります。

こういったサプリメント類は、肝臓の働きを一時的に強めるかもしれません。ですが、それはあくまでドーピングのようなものなので、頻繁に使うと肝臓が疲れてしまいます。また、たくさん飲めばそれだけ効果が強くなるというわけでもないので、必ず用法や用量は守るようにしましょう。

ちなみに、しじみも二日酔いに効くと言われています。もちろん肝臓の働きを助ける効果もあるのですがこちらは良質なタンパク質等を含んでいるため、飲んだ後のダメージを負った肝臓にぴったりという性質もあります。お酒を飲んだ後に飲む方がいいでしょう。

これらとはまったく異なる考え方で、酢酸菌酵素を利用したサプリメントもあります。酢酸菌はアルコールを酢酸に変える力を持っているので、体内で肝臓よりも先にアルコールを分解してしまおうという考えのサプリメントです。

こういったものをほどほどに、そして上手に使ってお酒を楽しんでいきましょう。

体調には気をつけよう

最後に、当たり前の話ではあるのですが、肝臓も体の一部です。ということは、睡眠不足などで体調不良の場合、肝臓の働きも弱くなってしまいます。普段よりも酔いやすくなってしまうのですね。

あれこれ対策を講じていても、肝心の体の調子が悪ければ、やっぱり悪酔いをしてしまいます。お酒を飲むことがわかっている日の前日は、しっかりと睡眠をとりましょう。どうしても体調が良くない日にお酒を飲まなければならなかったら、酒量をいつもより減らすなど、工夫するようにしたいところです。

十四時間目のまとめ

飲んだお酒の量を
把握することが大切

◆

お酒の単位によって
アルコールの量を把握しよう

◆

とにかく水を一緒にたくさん飲もう

◆

ラベルから製造方法がわかるため、
お酒の勉強にもってこい

◆

二日酔いと思われている症状は、
脱水症状であることが多い

◆

体調にはとにかく気をつけよう

◆

飲み方によって
悪酔いしない工夫もできる

温度と日本酒の素敵な関係

日本酒は、そのものをさまざまな温度で楽しむことができるお酒です。多くのお酒はただ温めるだけではなく、スパイスや砂糖、フルーツや蜂蜜を加え、ホットワインやホットビールのようなカクテルにした上で温度を楽しむようになっています。日本のお酒では、焼酎のお湯割りもありますよね。ですが、お湯すらも加えず、そのままのお酒の温度を変えることでさまざまな味わいを楽しめるのは、日本酒の面白いところと言えるでしょう。

十五時間目では、どうして温度を変えると味わいが変わるのかの原理と、日本酒を楽しめる温度の幅の広さについて学んでいきましょう。

温度が変わるとどうなるの？

まずは温度が変わることで、味の感じ方が変わるという話からしていきます。日本酒に含まれている甘味、苦味、酸味、旨味は冷たいときと温かいときとで、感じ方が変わるのです。

たとえば甘味。ぬるくなったジュースやコーラを飲んで、普段より甘く感じたことはないでしょうか。ジュースやコーラの中の糖分は増えたり減ったりしていないのに甘くなるということは、受け取り側が甘さを強く感じているということになるのです。実は、甘味は体温に近ければ近いほど強く感じるのですね。

苦味は温度が高くなればなるほどマイルドに感じるようになります。意外に思われるかもしれませんが、温度が低い方が強く苦味を感じるのですね。温かいコーヒーが冷めると苦味が強くなってしまうのもこのためです。同様に、塩味も温度が低い方が強く感じるので、冷えた味噌汁は普段よりしょっぱく感じますよね。ただし、日本酒には塩は入っていないので、塩味に関してはここでは省略します。

酸味そのものは温度の影響をほとんど受けません。温度を高くしても低くしても感じ方は変わらないのです。ですが、温度が低いと「酸っぱい」という感覚は爽快感につながります。さらに、日本酒の酸、つまりは「酸度」としてカウントされている乳酸やコハク酸などは、温度が上がると旨味に変化します。さらに、旨味であるアミノ酸も、温度が上がる方が味を強く感じるのです。したがって、温度が低いときは酸っぱさを感じていても、温度が上がると酸っぱさよりも旨味を感じるようになります。

以上のことをまとめると、下の図のようになります。これが温度による味覚の変化です。

温度が上がって影響を受けるのは味だけではありません。香りも変化します。香りの成分や、炭酸である二酸化炭素は、液体の温度が低いほどよく溶ける性質を持っています。コーラを温めると炭酸はどんどん抜けていきますよね。冷たいときには溶けていた炭酸が、温度が上がったことによって溶けきれず、外に出てきてしまうからです。日本酒の香りの成分や炭酸も、温めると外に出てきます。そのため、香りを強く感じることになるのです。

そしてもうひとつ「温度そのもの」があります。一般に、体温から20℃ほど離れていると、熱さや冷

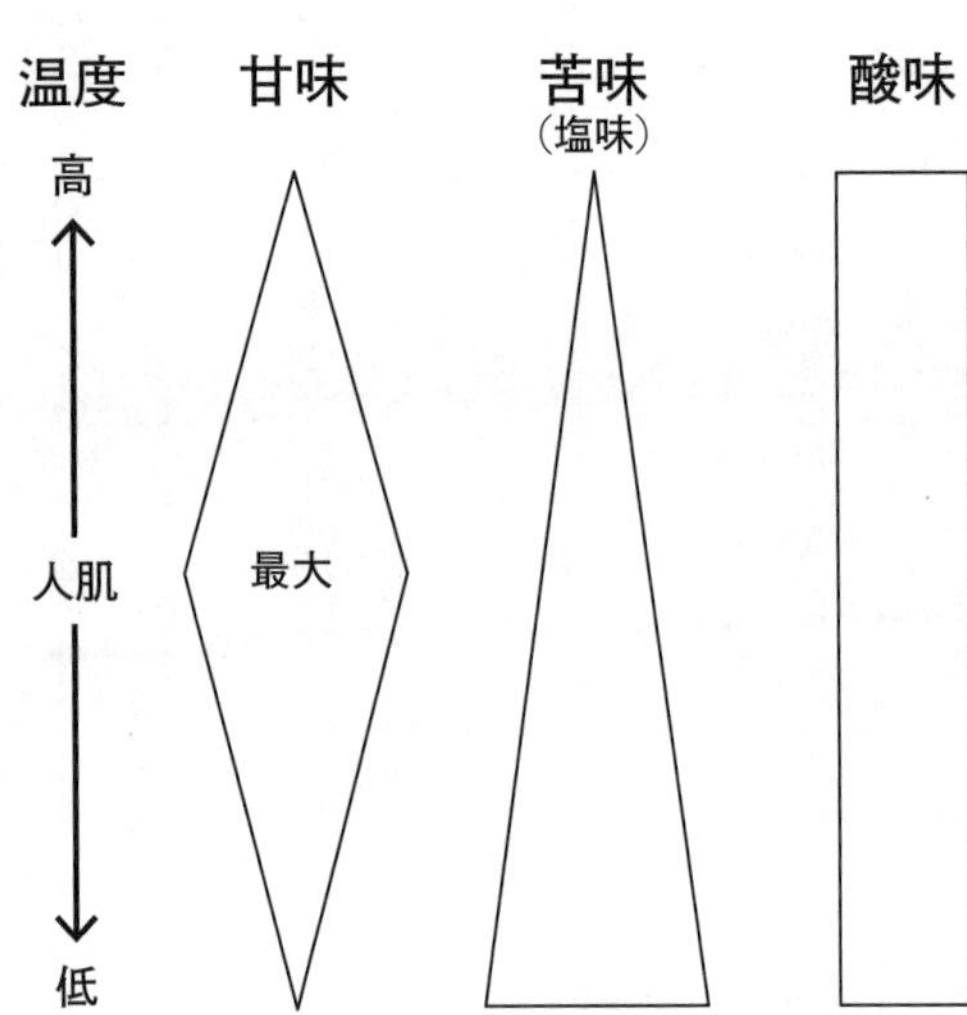

温度による味の感じ方の変化

たさをを心地よく感じるのです。同じお茶でも、体温に近いとぬるく感じ、体温から20℃以上離れていると熱々でおいしいと感じますよね。

以上を踏まえた上で、日本酒を温めたときに起きる変化を見てみましょう。まず、お酒の香りが広がります。さらに、味わった人の舌は甘味を強く、苦味を弱く、旨味を多く感じることになります。酸が旨味になるのですから、「濃醇」タイプのような酸度の高い、酸がたくさん入っているお酒は燗酒にすると旨味が増しておいしくなるというわけですね。そして、温かい温度そのものも心地よい＝おいしいと感じるのです。

一方で、繊細な香りである吟醸香が外に出すぎて消えてしまったり、いわゆる「酒臭い」と言われるようなアルコールの刺激臭が強くなってしまい、鼻につく場合があるという欠点もあります。

逆に、冷えすぎている日本酒では、苦味を強く感じ、逆に甘味と香りがあまり感じられなくなってしまうことがあります。これを「冷えすぎて味が死んでいる」という表現をする人もいるぐらい、別物に感じるのですね。そういうときは少し時間をあけたり手で温めて温度を上げてみましょう。すると甘味が増え、苦味が減り、香りが出てくると思います。

さらには「燗冷まし」と呼ばれる飲み方もあったりします。一度温めてから冷ますことによって、やや香りが和らぎます。燗酒にして香りを外に出してから冷ますことによって、香りの量をコントロールすることができるのですね。

日本酒を多彩な温度で楽しもう

このようなメカニズムを知ってか知らずか、昔から日本酒は多彩な温度で楽しまれてきました。そのため、日本酒は5℃間隔で温度による名前がついています。

なんとも風流ではないでしょうか。雪のように冷たい5℃では雪冷え、ちょうど人肌と同じ温度の35℃で人肌燗というように、意外とわかりやすい名前にもなっています。

この中で、いわゆる「冷や」はどこを指しているかというと、15℃「涼冷え」から30℃「日向燗」までの間の温度帯を指しています。実は冷やというのはちょっと冷たいと感じる、人肌よりも少し低い温度。すなわち「常温」のことなのです。「キンキンに冷えた『冷や』をください！」というのは、正確な表現ではなかったりするのですね。

ではキンキンに冷えたものが欲しかったらどう言えばいいのでしょうか。もちろん雪冷えや花冷えと指定してもいいのですが、5℃から15℃までを指す言葉があります。それが

「冷酒」です。冷酒と注文すると、感覚としてキンキンに冷えたお酒が出てくるわけです。

そして30℃以上のお酒はすべて「燗酒」となります。「熱燗」が一番有名ですが、そう言ってしまうと50℃ぐらいを指定したことになるのですね。お店によっては、温度を細かく指定できず、「冷酒」「冷や（常温）」「燗酒」ぐらいに分かれている場合があります。

家で細かい温度を測りながら燗酒を飲みたいときには、酒燗計のような、お酒の温度を測る器具を用いましょう。

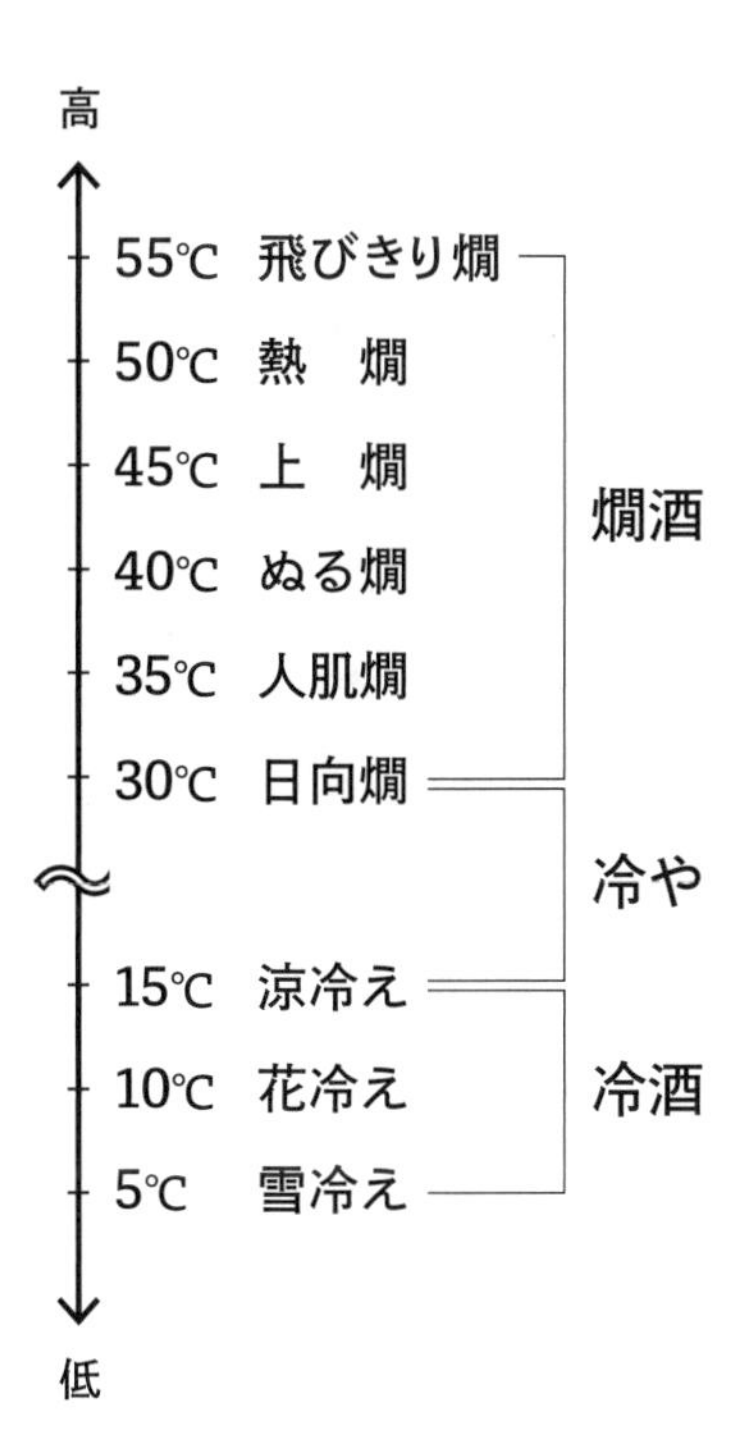

どんなお酒が燗酒に向いているの？

燗酒にすると全体的に甘味が増し、苦味が減り、旨味が増え、香りが広がります。ポイントなのは旨味が増えることです。「濃醇」タイプのような、酸がたくさん入っているお酒は燗酒向きと言えますし、生酛や山廃酛も酸度が高くアミノ酸が豊富なお酒になりやすいので、燗酒に向いています。

ではフルーティーな淡麗タイプのものは温めてはいけないのかというと、そうとは限りません。確かに繊細な香りのものは、香りが飛んでしまうことがあります。ですが、フルーティーでもしっかりとした味と香りのものは、温めてもおいしく飲めることが多いのです。ようはどんなお酒でも温度が上がるにつれて甘味と苦味と旨味のバランスが変わるので、その中で好みのポイントを探せばいいのですね。燗酒にはまると、このポイントを探すことがとても楽しくなります。

あまり燗酒に向いていないとされている日本酒の中でも、燗酒にしておいしいお酒はたくさんあります。たとえば、要冷蔵である生酒やにごり酒を燗酒にしてもかまいません。この「要冷蔵」はあくまで輸送中や保管中に冷蔵して品質を変えないようにするためのものので、飲む直前なら温めてもまったく問題はないのです。特に、にごり酒は新酒の時期に発売され、フレッシュで発泡感があるものも多く、冷やして飲まれることが多いのですが、温めておいしいものも多いのですね。濃厚なにごり酒は温めると、まるで飲むご飯のようで、料理と合わせて楽しむのにもってこいになります。

家で燗酒を飲むときには

家で燗酒にする際には、均等にお酒を温めることができる湯煎がオススメです。鍋にお湯を張り、その中に酒器を入れましょう。最初のうちはあまり細かい温度を気にせずに、取り出した後に冷めていくのもまた味わいのうちと思って楽しむと、より自分の好みの温度を見つけやすいかもしれません。熱々よりも少し冷めた方が良いなと思ったら、次は熱くなりすぎないうちに鍋から取り出したり、逆に冷めて物足りないなと思ったら、熱々のうちに飲む（飲み切れる量ずつ燗酒にする）という感じです。

このとき、ひとつだけ注意をしなければならないのが、お酒は温まると少し膨張するということです。たくさん飲みたいからといって、なみなみと注ぐとあふれてしまうかもしれません。この特性を利用して、酒器に入れたお酒が膨らんだ、量が増えたと思ったら取り出して飲むというテクニックもあります。特に、徳利の首の細いところを利用すると、お酒が膨らんだかどうかがわかりやすいですね。

少し慣れてきたらあると便利なのが先ほど述べた酒燗計という、燗酒の温度を測るのに適した温度計です。徳利やちろりに差して用います。このお酒だったらこの温度が好き、と思ったら温度を測ってしまえばいいのです。

いちいち湯煎をすることが面倒だったら、電子レンジで使えるマグカップに入れて温めてしまいましょう。電子レンジにかけて少しの時間で取り出し、揺らして均一な温度にしてからまたレンジに入れ、少し経ったらまた取り出して揺らして……と繰り返すと、いい感じに燗酒にすることができます。

とはいえ、マグカップでやるのはちょっと……という方は、電子レンジにかけて温める用の瓶を利用するのもいいでしょう。「佳撰松竹梅『豪快』燗徳利」(宝酒造)や、「黒松剣菱 180㎖」(剣菱酒造)といった、1合前後の容量で、飲み終わった後には電子レンジで温められる徳利として使える瓶のお酒があるのです。瓶の形状の効果で、マグカップでやるよりも均一にお酒が温まりますし、徳利として使えるので好きなおちょこに注げるのもいいですね。ただし「黒松剣菱 180㎖」の器は、厳密には耐熱ガラスではないため、加熱しすぎには注意してください。

また、電気の力でお酒を温める酒燗器もさまざまな種類が販売されています。最初のうちは、湯煎ではなく直接温めるタイプのものを使うのもいいでしょう。このタイプは細かい温度のコントロールがしにくいものの、お手軽にお酒を温められます。湯煎タイプは、酒燗計と合わせて細かい温度に調整しやすいのですが、手間がかかりますので、燗酒にハマってから買っても遅くはないと考えています。

どういうときに燗酒を飲むのか

家で飲む燗酒の難しいところは、どうしても準備が必要になるという点です。湯煎にしろ、電子レンジにしろ、酒燗器を使うにしろ、冷蔵庫から酒瓶を取り出しておちょこに入れて飲む、という通常の飲酒よりも手間がかかりますよね。

また、十四時間目でも学んだように、温かいお酒は酔いを早く感じます。さらに、胃の中に食べ物がないと吸収が早くなってしまうことも合わせると、何かを食べながら飲む、つまりは食中酒として飲むのがいいでしょう。詳しくは後ほどお話ししますが、温かい燗酒は温かい料理と合わせやすく、酔いの観点からではなく味わいとして見ても食中酒に最適なのです。料理と合わせるときのイメージは「ほかほかの白ご飯」の代わりに燗酒を飲むといいでしょう。おかずを食べて、燗酒を飲むのです。

したがって、料理を用意するときに、ついでにお酒を温める準備もし、一緒に楽しむのがいいでしょう。

十五時間目のまとめ

温度によって
人の味わい方は変わる

◆

温度によってお酒の感じ方も
変わるし、香りも変わる

◆

昔から温度は重視されていて、
5℃きざみで
名前がつけられていた

◆

日本酒は多彩な温度に
耐えうるものが多い

◆

積極的に温度を変えて
楽しんでいこう

器や料理と合わせてみよう

自分好みの飲み方の追求で、いろいろ試せて奥が深いのが、器にこだわったり、合わせる料理にこだわることです。

日本酒だけでなく、飲みものはどういう器（酒器）で飲むかで味わいが変わります。一番わかりやすいのは、2020年代前半から飲食店で登場した、紙ストローでしょうか。中の飲みもの自体は変化していないけれども、口をつける部分が従来のストローから紙ストローになっただけで、「おいしくない」と感じる消費者がたくさん出たのです。いかに器が大切なのか、イメージが湧くのではないでしょうか。

もっとイメージが湧きやすいのが、料理と合わせることです。日本酒はそのまま飲んでもおいしいのですが、料理と合わせて飲むともっとおいしくなる「食中酒」なのです。これには、日本酒が「旨味」を持っているお酒であることも関係しています。旨味は他の旨味を持ったものと合わせると、相乗効果で何倍も強く感じられるのですね。つまり、日本酒は料理の旨味と合わせることで、互いをよりおいしく感じさせるお酒なのです。

十六時間目では、器や料理と合わせて飲むときには、どういうところに気をつければいいかを見ていくことにしましょう。

重要なのは口当たりと香り

「味」と一口に言いますが、その正体はとても複雑です。純粋に味だけを見るのであれば、舌が感じる味覚のことを指しますが、そう簡単なものではありません。我々は五感すべてを使って料理やお酒を味わっているのです。

たとえば聴覚。一見味には関係なさそうですが、目の前にあるステーキがジュウジュウと音を立てていたら、それだけでおいしそうと思いますし、実際においしく感じますよね。

触覚も「食感」という言葉がある通り、食べたものが口の中に触れたときや、嚙んだときにどう感じるかも味わいのひとつになります。シャキシャキした歯触りでおいしい、もちもちとした感じがたまらないという表現があるように、食感も重要な味の一部なのです。紙ストローの感触が悪いだけで、おいしくないように思えるのも触覚によりますよね。また、口以外の感触も意外と大事です。おにぎりはお箸で食べるよりも、手で食べる方がおいしく感じませんか。これもまた、手の感触が味の一部になっているということを示しています。

これらももちろん大事なのですが、もっと影響が大きいのは、味覚、視覚、嗅覚です。味そのものがおいしくなければ他の要素がいくらおいしそうでも意味はありませんし、見た目においしそうでなければおいしいと感じません。いい香りが重要であることは、十時間目でも見てきた通りです。

器を変えるということは、味覚以外の要素に大きな影響を及ぼします。いい器で飲むことで、目に嬉しく、口当たりが良く、香りをよく感じるのです。ものによっては、炭酸のシュワシュワした音もよく聞こえるようになるでしょう。

器選びで重視したいのは口当たりと香りです。直接口と接するのですから、唇に当たって心地よい器であることが重要です。また、お酒から立ち上る香りを器がどう扱うかによって、お酒の味わいは変わってくるのです。

器の形状によって味が変わる!?

同じようなおちょこに見えても、いわゆる寸胴のように縁が上に伸びているものと、平盃のように外側に広がっているものとがあります。この些細な差で味が変わると言われていました。口に含んだときに、お酒が最初に舌のどの部分に当たるかの違いが出るからですね。寸胴のようなタイプは舌の真ん中あたりに最初に当たり、平盃のようなタイプは舌先に当たるとされています。甘味は舌先の方が強く感じるので、甘いお酒は平盃の方がい い……という話があったのです。ですが、現在では舌が味を感じるところはどの場所でも変わらないという説の方が主流なので、舌の当たる場所説は否定されています。

では味が変わらないかというと、そうではありません。ひとつは唇にあたる感触です。平盃の方が口に当たるところが少ないので、他の感触に惑わされずに、よりお酒の味に集中することができます。またお酒の割合に対する表面積が広いので、香りをより強く感じることができます。平盃タイプの方が甘いお酒をより甘く感じると覚えておきましょう。

また、もっと顕著に違いがわかるのは、ワイングラスで飲んだときです。ワイングラスのように下が膨らんでいて上がすぼまっているタイプの器は香りを外に逃がさない効果があります。すると、濃厚な香りと一緒に日本酒を飲むことになり、おちょこのような器で飲むのとは味わいが大きく変わるのです。より、その味を濃く感じるのですね。

もちろん器の形状だけではなく、材質によっても味わいは変わります。ガラス製のものなのか、陶器なのかも味わいに影響を与えます。こちらは主に感触と温度感でしょう。ガラス製の、とくに極めて薄いガラスの冷たい感触は、冷えた日本酒を入れるとより心地よい冷たさになります。温かみを感じる陶器は、やはり燗酒との相性がいいでしょう。飲むお酒の温度に合わせて、器の素材を変えてみるのはいかがでしょうか。

香りが好き？　喉（のど）が好き？

前述のように、香りは味に大きく影響します。場合によっては、味の正体は香りであると言ってもいいほど、大きな影響を及ぼすのです。

実は日本酒や焼酎などは、香りをそれほど重視した器を使ってきませんでした。もちろん酒器にもある程度の種類がありますが、他の国のお酒ほど多彩ではありません。例を挙げると、ワインの場合は一口にワイングラスと言ってもどっしりとしたブルゴーニュタイプのワイングラスや、それに比べるとややすっきりとしているボルドータイプのグラス、シャンパン用にだってフルート型とクープ型があり、お酒によって使い分けています。これらはすべて、立ち上る香りをどう扱うかによって、形状を変えているのです。ビールも同様で、ベルギービールはとくに、そのビール専用の器があるものも多く存在します。

この違いはどこからくるのでしょうか。それはおそらく日本人は昔から香りよりも「喉」が好きだったということからきているのだと思います。日本語のことわざや慣用句には喉に関する言葉が多いですよね。喉から手が出る。喉元過ぎれば熱さを忘れるなどが代表的です。喉を何かが通る感触が好きなので、蕎麦は噛まずに飲むのがいいと言ったり、本来は噛む食べ物であるパスタも、最初のうちは蕎麦のようにすすって食べる人が多かったものです。ドライビールのような、喉を爽やかに通る心地よさを強調したビールもありますよね。喉で味わう、いわゆる「喉ごし」を重視している文化を持っているのです。しかし、香りに関する言葉はそれほど多くはありません。

一方のワインやビールの文化圏では、香りがとても重視されていました。これは、ローマ帝国の崩壊と共にお風呂に入る習慣がすたれてしまい、体臭をごまかすために香水が発達したからだと言われています。さまざまな香水を追求する一方で、お酒を飲むときの香りに気づき、さまざまな器に工夫を凝らしたというわけです。

ワイングラスで日本酒を飲んでみよう

日本でも、最近では香りについて大きく注目されていて、ワイングラスで日本酒を飲むこともずいぶん広まりました。ワイングラスで日本酒を提供するお店もかなり増えていて、一般的になったと言ってもいいぐらいです。

ワイングラスで飲むのに相性のいいのは、やはり華やかでフルーティーな香りの生酒や吟醸酒タイプです。ワイングラスの空間の中にいい香りが溜められて、飲むときにその香りを吸い込みながら飲むとより鮮烈な味わいになります。いい香りのお酒はワイングラスで飲むと香りが膨らむと覚えておくといいでしょう。

面白いのは、樽酒（たるざけ）も味が変わるということでしょうか。樽に貯蔵することで木の香りがつく樽酒ですが、ワイングラスを使うことでいい部分の香りが強調される形になり、おいしく感じられるのです。

ただし、すべての面においてワイングラスが優れているというわけではありません。時には香りを感じすぎてしまい、おいしいものを食べすぎて胸焼けするのと同じことになる場合もあります。また、燗酒にはワイングラスは向いていない（そもそも耐熱グラスじゃないと割れてしまいます）ということもあります。そういった場合は、普通のおちょこで飲みたいですね。

料理とお酒の相性とは

器と一緒に考えたいのが合わせる料理です。これが、少しだけややこしいのですね。一口に料理とお酒が合うとは言っても、その性質が大きく異なるからなのです。

たとえば脂っこいから揚げにはキンキンに冷えたビールがよく合います。また、チョコレートとウイスキーの相性の良さも有名です。両方とも「料理とお酒の相性が良い」と表現しますが、少し違和感といいますか、同じカテゴリに入れるのは間違えているような気がしますよね。実際に、これは違うタイプの好相性の例なのです。

近年では、料理とお酒の組み合わせを「ペアリング」と言います。日本酒はどういうペアリングをするといいのか、見ていくことにします。

なぜ日本酒が飲まれてきたのか

ここで少し、日本酒と合わせる定番である「和食」について振り返ってみましょう。基本的に和食は江戸時代の食文化に大きく影響されて確立していて、その味わいの基本は

「塩」「醤油」「味噌」にあることはご存じだと思います。こういった料理と合わせて、お米からできている、基本的には甘い日本酒が飲まれてきました。

一方で、江戸時代には鎖国していたのですが、長崎県の出島で貿易をすることで砂糖が入ってきていました。さらに薩摩藩が奄美大島で砂糖を作り、倒幕のための資金源にしたことを知っている方もいるでしょう。それらの砂糖が入ってくる地域では、他の地域に比べると砂糖が出回っていたので、普通の人でも食べる機会があったようです。そのため、長崎県の郷土料理である卓袱（しっぽく）料理や、鹿児島の郷土料理は、ごちそうになればなるほど甘いものになっています。貴重な砂糖をふんだんに使うということが、もてなしの証（あかし）になったのですね。そして、こういう地域では、甘さのない、いわゆる「辛口」の焼酎を料理と合わせて飲んでいたのです。

つまり、お酒と料理の相性には、塩味の料理には甘めのお酒を、甘めの料理には辛口のお酒を合わせるという方法があるのです。塩味と甘味が交互にくると、それぞれの味に飽きずに食べ続けられる、つまり次の一口が止まらなくなることもあります。これも、お酒と料理の相性が良い例と言えるでしょう。

また、料理と合わせる場合には、醤油味や塩味の料理を食べるときに、やや甘めのお酒や、甘さも酸味も旨味も含んだ複雑な味わいのお酒を一緒に合わせると、塩辛さをやわらげてくれる効果があります。

相乗効果を狙う飲み方がある

前述のように、正反対の味を合わせて、それぞれの味をやわらげて優しい味わいにする飲み方の他に、相乗効果で味を高めるやり方があります。甘い料理には甘いお酒を、軽い料理には軽いお酒を、酸味のある料理には酸味のあるお酒を、といったように、同じタイプのお酒を合わせるのです。お互いの味を損なわないで、おいしく食べられる、失敗の少ないペアリングですね。

同じタイプというのは、味わいだけではありません。味の強さも合わせるのです。味の濃い料理を食べるときには濃醇なお酒を、薄味の料理を食べるときには淡麗なお酒を合わせるといった感じですね。味の強さを間違えてしまうと、お互いのいいところが打ち消されてしまうので注意が必要です。たとえば、甘いお菓子を食べた後に甘い果物を食べても、そんなに甘く感じず、むしろ酸味などが強調されてしまったという経験はありませんでしょうか。これと同じことが、お酒と料理でもあるわけです。

意外と重要なのが、似た香りを組み合わせるということです。香りの強い食材や、ハーブやスパイスを使った料理には、できるだけ近い香りを持った日本酒が好相性です。甘い香りのフルーツを使った料理には、フルーティーで華やかな香りを持つお酒がいいというわけですね。

そして、最後に温度もなるべく合わせましょう。温かい料理を食べるときにはお酒を温め、冷たい料理には冷たいお酒を合わせるのです。

口の中をお酒で洗おう

味の濃い脂っこい料理を食べると、口の中にいつまでもその味が残っているような気持ちになっていたりしませんか。そこにキリッと冷えてスッキリとした日本酒を飲むと、口の中の脂っこさが洗い流され、リフレッシュされます。そしてまた、新たな料理とお酒をしっかりと味わうことができるのですね。

このように脂っこいものを洗い流してくれるのも、料理とお酒の相性がいいということになります。いわゆるウォッシュタイプと呼ばれるペアリングですね。ビールとから揚げなどは、典型的なこのタイプと言えましょう。
このペアリングには、炭酸感、いわゆるガス感のあるお酒や、酸の強いお酒が向いています。口の中をスッキリとさせた後に、若干お酒の味の余韻があると、次の料理を味わうときに、風味を引き立ててくれるため、飲むのをやめられない止まらないという状態になりますよ。

香りを抑える効果を利用する

料理をされる方は、臭み消しにお酒を使うことがあると思います。お酒には調理中に臭み成分を連れ去る共沸効果がある他に、そもそも嫌な臭いを隠してくれるマスキング効果があるため、臭み消しに使われているのですね。これをペアリングにも応用するのです。具体的には、魚や貝などの生臭みを日本酒は隠してくれるため、お刺身などにはバッチリ合うというわけですね。

お酒の味わいを引き立たせる

日本酒そのもののおいしさを堪能するときには、いわゆる珍味をアテにするという人も多いでしょう。これは、旨味や塩分が凝縮されたものをなめながら飲むことによって、日本酒の味わいを引き立たせているのです。塩をなめながらお酒を飲むのもこのタイプです。このときの珍味は味が濃いため、少量ずつ食べるようにしないと、お酒の味が負けてしまうことがあります。

互いに味を高める組み合わせ

いわゆるワインの世界での「マリアージュ」にあたる組み合わせもあります。味の方向性は異なるけれども、一緒に味わうと新しい味が生まれ、お互いに味を高め合うというペアリングですね。ちなみにマリアージュとはフランス語で「結婚」を意味していて、料理とお酒の幸せな結婚という意味になります。

料理の味と日本酒の味の調和がとれていて、両方を合わせると新しい味になる。言葉にすると簡単に見えますが、実際にやってみるとなるとちょっと難しいかもしれません。

一番簡単なのは、酢の物と甘めの日本酒でしょうか。この組み合わせからは「甘酸っぱい」という新しい味が生まれます。日本酒によって酢の物のとがった酸味が和らぎ、生臭さが抑えられ、おいしくなるのです。料理とお酒の互いに嫌な部分が隠れ、いいところが広がるのがこのタイプになります。

日本酒の懐はとても深い

日本酒はとても味の幅が広く、さまざまなタイプのものがそろっています。したがって、ほとんどの料理には、相性のいい日本酒があると言っても過言ではありません。ウイスキーとしか合わなそうなチョコレートでも、貴醸酒を組み合わせるとおいしくなります。水の代わりに日本酒を加えて造る、濃厚な甘さが特徴の貴醸酒を、ビターチョコを食べた後の、少し余韻が口の中に残っている間に飲むといいでしょう。また、ミルク感の強い甘めのチョコだったら口の中でチョコと貴醸酒を合わせるように飲んだり、香ばしさのあるナッツ系のチョコだったら少し熟成した貴醸酒を組み合わせるのもオススメです。

香りが強く、辛味が舌に刺激を与えるのでお酒を合わせにくいカレーにも、合う日本酒があります。まろやかな洋風ビーフカレーには、生酛でしっかりとした旨味を持っていて、なおかつ加水したやさしい味わいの日本酒の燗酒がとてもよく合います。マイルドなカレーにはマイルドで旨味の強いお酒が合うというわけですね。辛めのカレーには、カレーに負けない濃厚な酸味と旨味のあるお酒が合います。同じく生酛で原酒のしっかりとした味わいのお酒だったら、カレーに負けずになおかつお酒の旨味やコクも加わるおいしい組み合わせになるでしょう。酸味の強いタイプのカレーの場合は、旨味が強いお酒よりもにごり酒がよく合います。日本酒の旨味がカレーの酸味と喧嘩してしまうのですね。甘くない辛口のにごり酒だとマリアージュが生まれます。

もちろんすべての料理にマリアージュタイプの日本酒が存在するとまでは言いません。それでも、どんな料理でも好相性になる日本酒はきっとあります。いろいろな組み合わせを試して、お気に入りを見つけてみてください。

十六時間目のまとめ

味は五感すべてで感じるので、
器の違いによる味の違いは
意外と大きい

◆

日本酒をワイングラスで
飲むお店も増えてきている

◆

料理とお酒の組み合わせを
「ペアリング」という。
最近はペアリングに関する
研究が進んでいる

◆

日本酒の味の幅は広く、
ほとんどの料理には
相性のいい日本酒がある

特別授業④

自由に日本酒を楽しもう

ここまで見てきたように、日本酒には決まった飲み方はありません。日本酒は自由だ、ということを覚えておいてください。ただし、他人に迷惑をかけなければ、お店の言うことに従えば、という範疇ではあります。

たとえば、燗酒に向いていないとされる生酒や吟醸酒系のお酒を温めて飲んでも、もちろんかまいません。十五時間目に学んだように、にごり酒だって燗酒にしていいのです。でも、居酒屋で飲んでいるときに、お店の方針や、このお酒はこう飲んで欲しいと思って「このお酒は燗酒にはちょっと……」と断られてしまうことがあります。こういうときは、無理にお願いするのはやめましょうということですね。

お店ではなく、家で飲むときのメリットはここにもあります。つまり、誰にも文句を言われずに、自由に日本酒を楽しめるのです。炭酸水で割ってみたり、ジュースで割ってみたり、牛乳で割ってみるのもいいでしょう。コーヒーで割るのも意外とおいしく、西麻布にある『EUREKA!（ユリーカ）』のオーナー千葉麻里絵さんが考案したコーヒー氷を浮かべて飲むやり方は、暑い夏にぴったりです。

また、ブレンドもやってみると奥が深く、面白いです。ある蔵元さんに教わったやり方なのですが、にごり酒と新酒を同量ずつ注ぐハーフ&ハーフは、ビールと黒ビールのハーフ&ハーフのように、両方のお酒のいいとこ取りになって、とてもおいしいのです。

お酒だけをブレンドするだけでなく、日本酒以外と混ぜてカクテルにするのもいいですね。ライムを搾ったカクテル「サムライ」は有名ですが、そこまで本格的にやらなくてもレモンを軽く搾るだけでもいいのです。いわゆる酒臭さが抜けて爽やかな香りになり、おいしく飲めたりもします。他にも、ジュースなどを加えても良いですね。それ以外ですと、飲むヨーグルトをにごり酒と混ぜるのはオススメの飲み方です。

買ってきたお酒が少し苦手な味だなと思ったら、まず試してもらいたいのがデキャンタージュです。後の講義で出てきますが、お酒は空気や振動に弱く、変化するため、あえて空気に触れさせて、香りを開かせるのですね。これも、家で飲むときならではと言えるでしょう。当然、お店のお酒の瓶を勝手に振ったりしてはダメですよ。

どう出会うべきか

ラベルを見て
味が想像できる
ように
なってきたし
はあ…
推し蔵も
推し酒も
できて
素敵な
日本酒ライフに
なりつつあるん
ですけど…
最近新しい
出会いが
ないんですよ

まだ見ぬ
素敵な日本酒が
どこかにあるはず
なのに!!
まだ見ぬ
素敵な日本酒
日本酒沼に
どっぷり
浸かった人の
発想

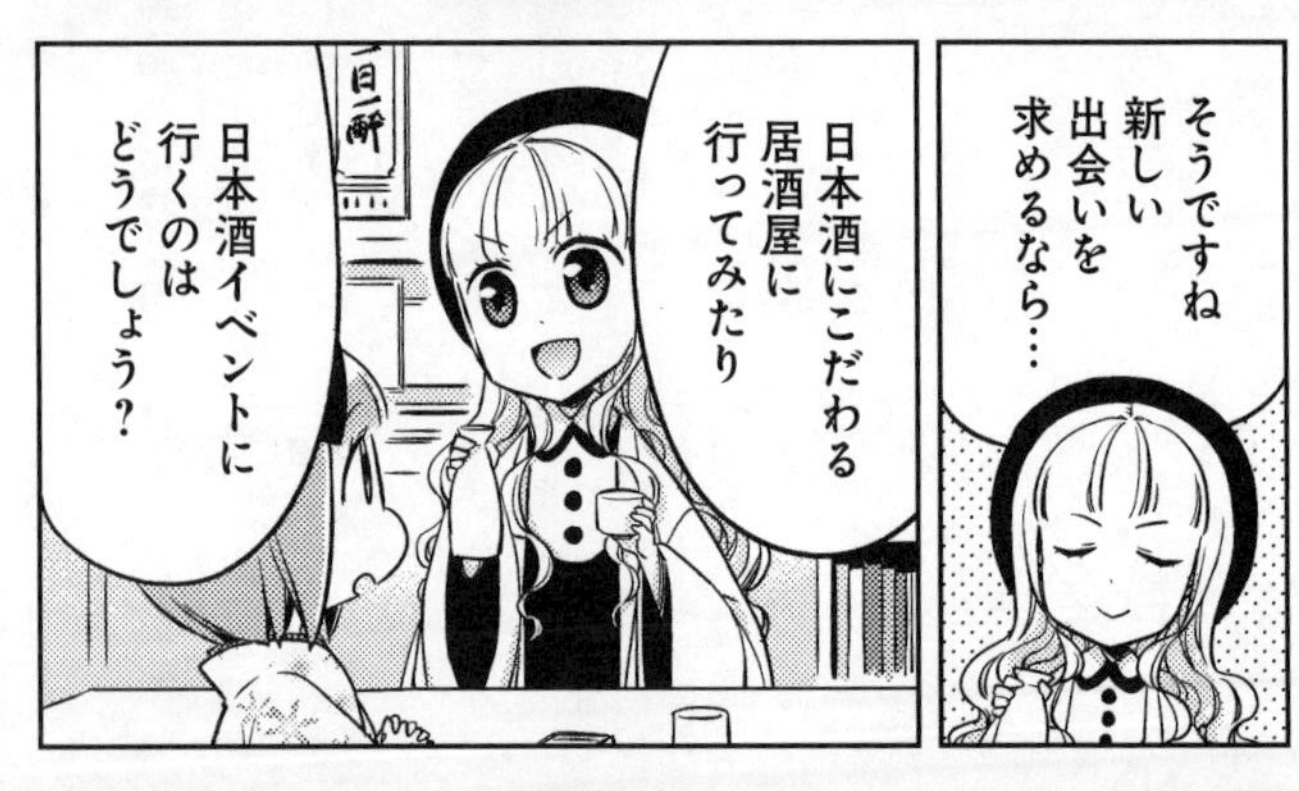
そうですね
新しい
出会いを
求めるなら…
日本酒にこだわる
居酒屋に
行ってみたり
日本酒イベントに
行くのは
どうでしょう?

6章 新しい日本酒と

そこで気に入ったお酒を見つけたら買えるお店を聞いておいて
このお酒どちらで購入できますか？
星乃蔵さんにありますよ！

そのお店に行って購入してみたり
あった!!

近い味わいのお酒を紹介してもらったりすると出会える確率が高まりますよ
近い味わいのお酒ありますか？
そうですねー○○と○○は近いと思います

むむ先生にも私におすすめのお酒を教えてもらいたいです
推しと私の推し酒です♡

どれどれ
いいですよ！任せてください

これは…？
あれ？
半年前購入して窓辺に…
なんと！
うわー味変わってる!!
ちがーう!!
大切な味わいを守る保管方法もお伝えします!!
くわしく教えます！

新たな出会いを求めて居酒屋やイベントに行こう

今までの講義で日本酒の選び方、味わい方について学んできました。次に学びたいのは「日本酒との出会い方」です。まだ見ぬおいしい日本酒に巡り会いたいですよね。

最初に行きたいのは、日本酒にこだわる居酒屋です。蔵元が日本酒を造るプロ、酒屋が日本酒を販売するプロだとすれば、日本酒系居酒屋は日本酒をおいしく味わわせてくれるプロだからです。きちんと管理されていて状態の良い日本酒を、そのお酒に合うおいしい料理と一緒に飲むと、家で飲むときに比べて多くのことに気づかされます。

さらに、今までに飲んだことがない日本酒と出会うのに最適なのが、日本酒イベントです。知らないお酒がいろいろと並ぶイベントでは、いつも飲んでいる以外のお酒を試すチャンスと言えます。各地で開催されているさまざまな日本酒イベントに参加してみましょう。

十七時間目ではこういった、日本酒にこだわる居酒屋や、イベントで、新たなお酒との出会い方についてお話ししていきます。

日本酒系居酒屋の種類

一言で日本酒系居酒屋と言っても、業態はさまざまです。これは、日本酒が多種多様になり、楽しみ方が広がっているためとも言えるでしょう。

「地酒専門店」「日本酒専門店」と謳っているお店は、文字通り日本酒を専門にやっている居酒屋です。置いてある日本酒の種類が豊富で、それに合うような料理を楽しめます。店員さんにも日本酒に詳しい人が多く、迷ったらまずはこのタイプを選びましょう。

もう少しカジュアルに楽しみたいときには「日本酒バル」「和酒バル」がオススメです。バルとはスペイン語で、いわゆるバーと食堂が一緒になったような業態で、気軽にお酒と料理を楽しむことができます。

さらに気軽に、リーズナブルに飲みたいとき、もしくは居酒屋が営業していないような早い時間から飲みたいときには「角打ち」がいいかもしれません。これは酒屋、つまり居酒屋ではなく、酒販店の一角にある立ち飲みスペースのことです。お店で売られているさまざまなお酒を、少量かつ安価に試せるのがポイントですね。しっかりとした料理はなく、場合によってはお店で売っているちょっとしたおつまみだけの場合もあります。

たくさんの種類のお酒を試したいときには「定額制の日本酒店」もいいでしょう。一定の料金を支払うことで、店内のお酒がセルフで飲み放題という業態です。料理等は、持ち込みが自由になっているタイプが多いので、事前に調べてから行くようにしましょう。

少し面白い経験や、変わった体験をしたい場合には、和食ではなく、他の料理の専門店で、かつ日本酒が充実しているお店を選ぶのもいいですね。フレンチ×日本酒や、スペイン料理×日本酒など、和食以外と日本酒を合わせたお店がたくさんあります。意外で、なおかつ自分にとってぴったりの組み合わせが見つかるかもしれません。

お店にお酒の種類がどれぐらいあるかを確認しよう

居酒屋を選ぶ際に、事前にインターネットで口コミなどを調べる人も多いと思います。その際には、どれだけお酒の種類があるかもチェックしておきたいところです。日本酒初心者のうちは、いろいろなお酒を飲んで自分の好みを探っていきたいですよね。今後のお酒ライフにも有益ですし、何より知っているお酒が増えていくことはとても楽しいのです。そのため、たくさん種類があるお店を選びましょう。

とはいえ、この場合の「たくさんの種類」とは、異なる銘柄の日本酒がたくさんあるという意味だけではありません。銘柄としては2、3種しかなくても、同じ蔵の「火入れ」や「生酒」、使っているお米が違うなど、いろいろなスペックのお酒をそろえているというのも「たくさんの種類」といえるわけです。そういうお店の方が、より深く日本酒を知るのに役立ったりすることも多いので、行ってみることをオススメします。

また、お店によってはお酒の回転が速く、メニューに書ききれないこともあります。更新が間に合わないパターンですね。そういうお店では、「今日はいいお酒が入ってきたので、オススメします」と教えてもらえたりするのです。お店のＷｅｂサイトなどに公開されているメニューにそれほどたくさん書かれていなくても、「その他、たくさんのお酒がありますます。お気軽にお問い合わせください」と書かれていると、種類が豊富なお店である可能性は高くなります。

小さいサイズを手頃な価格で注文できる

1杯あたりの容量にも注目をしましょう。1合、つまり180㎖よりも小さい単位で注文できるお店は、初心者にとってやさしいお店が多いのです。

十四時間目でも学んだように、平均的な適量は2単位分（日本酒2合分）です。ということは、1合ずつでお酒を出してくれると、2杯しか飲めません。魅力的な品揃えがあって、あれもこれも飲みたいと思っているときに2種類のお酒しか頼めないのはつらいですよね。結果として、ついつい飲みすぎてしまうということになることもあるでしょう。

こういった悩みに応えて、最近の日本酒居酒屋では1合に満たないサイズで提供するお店が増えています。120㎖、90㎖、60㎖と、お店によって量はさまざまです。場合によってはお試しサイズとして30㎖で出してくれるところもあります。

そして当たり前の話ですが、1杯あたりの値段が安ければ安いほど、飲む側としてはうれしいですよね。したがってメニューに載っている金額が安いお店はいいお店です。とはいっても、これは単に安売りをするから言っているわけではありません。もうちょっと別のしっかりとした理由があります。それは回転率です。

日本酒の、特に生酒は管理が難しいお酒なので、通常はある程度の廃棄リスクを含めた値段に設定します。ところが、値段が安いお店は回転率を上げて廃棄リスクを少なくすることで、低価格を実現していることが多いのです。そのため、品質の変わりやすいお酒でも、開けたての変化していないお酒を楽しめる可能性が高くなります。

禁煙、もしくは分煙がしっかりしている

ここまでの講義で、味の中で香りがどれだけ重要かを繰り返し伝えてきました。したがって、周囲にたばこを吸っている人がいると、煙の臭いでお酒の香りがわからなくなるということに納得してもらえると思います。そのため、できる限り禁煙だったり分煙がしっかりできているお店を選ぶ方がいいでしょう。喫煙者だったり、喫煙者と一緒にお店に行く場合には、分煙がしっかりしていて喫煙所があるお店を選ぶのです。

ちなみに、たばこだけではなく香水も、強い香りがお酒の香りを楽しむことを邪魔してしまいます。そのため、お店によっては「香水の強い方お断り」という注意書きをしているところもあります。日本酒居酒屋に行くときは、香水は最低限にしましょう。

あいまいな注文でも応えてくれる

簡単にいえば、お店のオススメのお酒を出してくれるところはいいお店ということです。「この料理に合う日本酒は何ですか？」「香りが華やかなお酒を飲みたいです」「すっきりとした辛口の日本酒をください」といった、特定の銘柄の名前を言わない注文に対しても、お店の人がきちんと適したお酒を出してくれると安心して注文することができます。

また、その日の料理に合う日本酒を勧めてくれるお店もすばらしいです。「いまご注文されたお料理にはこちらのお酒が合うのですが、実はこれを燗にしてもとても良く合います。もしお嫌いでなければ、上燗ぐらいがオススメなので合わせてみませんか」と提案されたりしたら、今度はどんなお酒をオススメしてくれるのだろうとわくわくして通いたくなっちゃいますよね。

何も言わなくても最初から水を出してくれる

いろいろと言ってきましたが、一番はこちらです。何も言わなくても和らぎ水を出してくれるお店は、問答無用でいいお店なのです。悪酔いを防いだり、次の一口をまた新鮮な気持ちで飲むためにも、水を飲むことはとても重要です。ときどき、柑橘系の香りがついたお水を出してくれるお店もあるのですが、それよりは何の香りもついていない普通の水、できれば仕込み水（お酒を仕込むときに使う水）だと非常にうれしいところです。

仕込み水は蔵によって味が違います。ほのかに甘く感じる水もあれば、ミネラルを強く感じるものもあったりと、その蔵の個性が表れているのです。その水で仕込まれた日本酒と味を比べてみるのも楽しいでしょう。ただし、仕込み水を常に置いているお店は非常に少ないことに注意しなければなりません。水道水のように塩素消毒をしないため、お酒よりも仕込み水の方が賞味期限が短いのです。そのため、蔵から送ってもらったらすぐに使わなければなりません。そんな仕込み水が常にあるお店というのは、蔵との信頼関係があり、頻繁にやりとりをしていることになるので、いいお店と言えるでしょう。

日本酒にこだわっていないお店の特徴は……

あまり日本酒にこだわっていないお店の見分け方も確認しましょう。これはもう1点だけ。メニューに「日本酒」としか書いていない。これだけです。

冷酒と燗酒という区別があったりするところもありますが、そういうお店は「日本酒に力を入れている」とは言い難いですよね。仮にそこのお酒がすごくこだわりがあって、おいしいお店だったとしても、日本酒初心者には難しいのも事実。まだ自分の好みを探っている段階で行くのにふさわしいお店ではないと言えるでしょう。

試飲販売イベントに行こう

新たな出会いを求めるときに、日本酒イベントに行くのはかなり有益です。とはいえ、イベントにも居酒屋と同じようにさまざまな種類があり、人によって向いている向いていないものもあるのは事実。詳しく見ていきましょう。

一番お手軽なのが酒屋での試飲販売イベントです。酒屋に蔵元から人がきてお酒を販売するのですが、たいていの場合はその場で試飲をさせてもらえます。入場料もいらないし、気に入ったらその場でお酒を購入することができるので、お酒探しに慣れていない人にはありがたいイベントと言えますね。いくつかの蔵元がくることもあれば、デパートの催事場などで大規模に販売会が行われることもあります。

こういったイベントでは、ただ試飲だけではなく、蔵の人としっかり話せるチャンスがあります。他のタイプのイベントでは蔵元さんは忙しいことが多いので、なかなか「このお酒はどういう飲み方が一番オススメですか？」と質問するのは難しかったりします。でも、他にお客さんが少なければ、ゆっくりとお話しできるかもしれないのですね。もちろん、独占し過ぎないように、蔵元さんに迷惑をかけないようにする必要はあります。

このタイプのイベントでは、あくまで試飲ということを忘れないようにしなければなりません。量を要求したりはもってのほかですし、おつまみと一緒に飲むこともできません。

試飲して気に入ったお酒があれば買って帰り、家でおつまみと一緒に飲みましょう。

ホールなどで行われる大規模なイベント

飲食店や蔵元が協力をして、ホールなどを使って大規模に行われるイベントがあります。多くの人が「イベント」と言われて想像するのは、おそらくこのタイプでしょう。コロナ禍以降、屋外や開放型の会場で行われることも増えました。入場料を払って、あとは飲み放題になる形式のものと、チケットやトークンを購入し、それを支払って飲む形式のものとがあります。お酒だけではなく、料理もチケット等で購入できるようになっているものが多いですね。こちらも蔵元の人が来ている場合にはお話しするチャンスではありますが、大勢の人が来場しているため、あまり話せると思わない方がいいでしょう。また、種類がありすぎて、何を飲んだらいいか迷ってしまうかもしれません。

居酒屋での蔵元会

居酒屋で蔵元さんを呼んで、そこの蔵のお酒とそれに合う料理をたっぷりと楽しむイベントも頻繁に開催されています。なんといってもお腹いっぱい食べられるのがうれしいですね。他のイベントではなかなかしっかりと食事できないこともあるのです。

短所は、初めてのところに1人で参加するのは少しハードルが高いことでしょうか。実際に参加をしてみるとあまりアウェイ感は感じないことが多いのですが、そうはいってもなかなか難しかったりします。できれば友達を誘って2人以上で行きたいところですね。

このタイプでは「バルホッピング」と呼ばれる、バル（居酒屋）をホッピング（はしごする）イベントもあります。特定の地域の居酒屋が協賛して、街ぐるみで行うのですね。各店舗ごとに別々の蔵元さんを招いてお酒を用意し、それに合うおつまみを居酒屋側が安く提供し、参加者は次から次へとお店を移動しながら楽しみます。街全体がお祭りのようになって、とても楽しいイベントです。特に「はしご酒」をする感覚が面白いのですね。

業界向け試飲日本酒イベント

日本酒関連の協会が主催する、業界向けの試飲イベントがあります。基本的には業界関係者に向けて今年のお酒の出来映えを見てもらうためのイベントですが、これを一般にも公開しているというスタイルです。平日に開催され、1部が酒販店や飲食店関係者への限定公開、2部が一般の人も参加できるという、二部構成になっているものがほとんどです。

ではこのタイプのイベントは初心者にオススメできないかというとそうではありません。というのも、参加している蔵元の数やお酒の数がとても多いからです。もちろん蔵元さんに直接質問をすることもできるので、あれこれ味わいながらオススメを聞いたりすることができます。また、なかなか出回らないレアなお酒を飲むことができるのもポイントです。

協会主催のきき酒イベント

協会や日本酒造組合主催のイベントの中には「きき酒」と名が付いているものもあります。たとえば毎年6~7月に開催されている「公開きき酒会」が代表的でしょうか。一般の人も入場できるイベントではありますが、初心者にはオススメいたしません。

というのも、こういうタイプのイベントは本当にきき酒がメインなのです。ずらーっと並べられた瓶とその前にある器にお酒が注がれていて、器からスポイトでお酒をとって自分のおちょこに入れ、色や香りや味を見ていきます。きき酒であるからには仕事で来ている人も多く、会場には吐き出し用のバケツがあり、お酒を飲まずに吐き出せるようになっています。また、何か疑問が出てきても、それを質問できる人は周りにいません。

ある程度日本酒を飲むようになった人ならば、とにかくたくさんのお酒を味わえるので、とても勉強になります。ですが、初心者で参加してもどうきき酒したらいいのか、難しいでしょう。お酒に慣れた中・上級者向けのイベントと言えます。

イベントをフルに楽しむためには

これらのイベントを楽しむコツとしては、とにかくお水を飲むことです。和らぎ水を飲んで、悪酔いを防ぎましょう。イベントが楽しすぎて、お酒を飲みすぎることが多いからです。水は、たいてい用意されているのですが、足りなくなることもあります。居酒屋などの店舗で行われるイベント以外では、なるべく水を持って行くようにしましょう。

また、空腹状態でお酒を飲む場合も悪酔いしやすくなります。食べ物の出ないイベントでは、なるべく事前に食べておくといいでしょう。一時的に外に出られるのであれば、途中でちょっと休憩をしてでも何か食べておいた方がいいです。イベントによっては、こっそり鞄やポケットにおつまみになるものを忍ばせておいて、いったん外に出て休憩時に食べるのも効果的です。オススメはコンビニでも手軽に買える「甘栗」。日本酒との相性も良く、栄養バランスに優れていて、小さく、少しずつ食べることができ、ポケットに入れていても溶けないという、うってつけのおつまみです。

十七時間目のまとめ

まだ見ぬお酒との出会いを求めて、
居酒屋やイベントに行こう

◆

日本酒系居酒屋にも
さまざまなタイプがあるので、
自分に合ったものを選ぶといい

◆

日本酒イベントにも
さまざまなタイプがあるので、
自分に合ったものを選ぶ

◆

料理が出ないタイプの
イベントでは、事前に食べておく
などの工夫が必要

◆

居酒屋でもイベントでも、
とにかく水を飲むのが重要。
悪酔いして周囲に
迷惑をかけないようにしよう

日本酒はどうやって買えばいいの？

居酒屋やイベントでおいしいお酒に出会えたら、今度は自分で日本酒を買ってみましょう。お店で飲むのもおいしいのですが、家で飲むのも楽しいものです。何より、安上がりというメリットもあります。また、友達と遊ぶときなどに日本酒を持って行きたいということもあるでしょう。そういうときも自分で日本酒を買わなければなりません。

では、どうやって買えばいいのでしょうか。十八時間目では、日本酒の買い方についてお話ししていきます。

お酒の容量と価格の関係を把握しよう

日本酒を買う前にまず把握しておきたいのは、お酒の値段と瓶の容量の関係です。日本酒は主に一升瓶と四合瓶で販売されています。1升は10合で１８００㎖で、四合瓶の容量は７２０㎖と、一升瓶の半分以下の容量になります。

ところがたいていの場合、四合瓶は一升瓶の半分の値段で販売されています。たとえば一升瓶が3000円だったら、四合瓶は1500円になるのですね。コストパフォーマンスだけで見ると、一升瓶の方が優れているのです。したがって、日本酒居酒屋などでは基本的には一升瓶で仕入れるところが多くなっています。

家庭で購入する際には、一升瓶は保管場所を大きく取ってしまうという問題があります。容量は2ℓのペットボトルよりも少ないのに、冷蔵庫の場所を大きくとるのですね。また、一度に全部飲みきれないことが多いのも悩みどころです。もちろん飲みきれなかったら保管をするしかないので、冷蔵庫の空きスペースと相談をしながらどちらを買うといいか決めましょう。

高いお酒がいいお酒ではない

よく誤解している人がいるのですが、高いお酒＝おいしいお酒というわけではありません。二時間目でも出てきたように、人の好みは千差万別。必ずしも高いお酒だったら自分の好みにばっちり合うとは限らないのです。

高いお酒は、だいたい造るのに時間がかかり、材料を多く使っています。お米をたくさん磨いている吟醸、大吟醸のお酒の方がどうしても値段は高くなるのです。

買うときの目安としては、日常消費用でしたら四合瓶で1000円台つまりは2000円まで、一升瓶だと3000円台のお酒が良いバランスでオススメです（2024年現在）。それよりも高いお酒は、ハレの日用や、贈答用にも使えると考えましょう。ただし、これらの価格はどうしても世界的な物価高のため、上昇していく可能性があり、本書を読むタイミングによってはもっと高くなっている可能性があります。

お手軽なインターネット通販

容量と価格の関係が何となくわかったら、いよいよ実際に日本酒を買う番です。一番気軽なのは、インターネットでの通販ですね。お店で飲んでおいしかった、イベントで飲んでおいしかった、友達から「このお酒がおいしいよ」と薦められた、ということがあったらそのお酒の名前で検索すればいいのです。いくつか通販のサイトが出てくるでしょう。あとはそのままポチッと注文してしまえば、お酒が届くのです！

酒屋のサイトだけではなく、楽天やアマゾンのようなインターネット通販大手でも日本酒を買うことができます。これらのサービスで検索をすると、欲しい日本酒が簡単に手に入るかもしれません。ただし、人気の銘柄はプレミア価格になっている場合がありますので、蔵元のサイトを見るなどして情報収集はした方が良いかもしれません。

お店によっては、インターネット通販で購入した方が便利なこともあります。造られている地方や酒蔵の名前、お酒の種類（特定名称酒）などでカテゴリー分けされているだけではなく、甘口や旨口といった味のタイプで分けられているところもあるのですね。さらに、このお酒がどういう背景で生み出されたとか、蔵元がどんな情熱を持って醸しているのかとかを解説しているお店もあるのです。そういった情報を読めば、自分にとっておいしいお酒に当たる可能性が高くなると思いませんか。

意外と充実。デパートのお酒コーナー

インターネット通販もいいけれども、実際に買いに行きたいと思ったとき、行きやすいのは大型デパートにあるお酒コーナーです。広くて買いやすく、ハードルが低く、そしていいお酒が揃っていることが多いのです。というのも、デパートに売り場がある酒屋は老舗が多く、昔からいろいろなつきあいがあり、蔵の人がきて試飲できるイベントを行っていたりもするのですね。

特に試飲イベントをしているときは一番の狙い目。試飲させてもらいながら質問をしたり、話を聞いたりしてお酒を選ぶと、好みのお酒を失敗せずに買うことができます。試飲したお酒をその場で買えるのはとてもうれしいですよね。

すぐに買えるコンビニエンスストアのお酒

今すぐにお酒を飲みたい！　でもお店が開いていない！　そんなときでも開いているのがコンビニエンスストアです。もちろんコンビニエンスストアでも日本酒を買うことができます。

コンビニエンスストアでは、普通酒も多く販売されています。特にパックタイプの普通酒の扱いが多いため、特定名称酒が欲しい場合にはラベルに注目するようにしましょう。また、スパークリング日本酒など、微発泡の日本酒が買えるのもうれしいところです。「澪」(宝酒造）の大ヒットのおかげで、澪だけではなく他のスパークリング日本酒もお手軽に手に入るようになりました。また、中には酒屋からコンビニエンスストアになったタイプの店舗もあり、そういったところでは通常の酒屋並のラインナップを取りそろえていることもあります。

地元の酒屋さんと仲良くなろう

なんといっても「酒屋」ですから、お酒を売る専門家がいるのは間違いありません。こういうお酒が飲みたいんです、と相談しながら買いたい場合には酒屋さんに行きましょう。

良い酒屋さんを見極めるポイントはいくつかあります。たとえば、生酒を冷蔵庫で保管しているかどうかは非常に重要です。反対に、日光が当たるショーウインドーにお酒を置いているところは、いい酒屋とは言えません。お酒が劣化する原因になるからですね。他には、手書きのポップでどんなお酒かを説明していたり、扱っているお酒について質問をしたらいろいろと答えてくれたりするのはいい酒屋さんと言えるでしょう。こういった相談に乗ってくれないお店は、残念ながら初心者向けのお店とは言えません。他でお酒の知識を得たり、経験を積んでからもう一度買いに行くといいでしょう。

いい酒屋さんと仲良くなれば、お酒のことや蔵のことをいろいろと教えてくれ、勉強になります。また、お店独自のイベントを開催していたり、こだわりのあるプライベートブランドのお酒を蔵元に頼んで造っているところもあるのです。ぜひ地元でなじみの酒屋さんを作ってみましょう。

居酒屋で飲んだお酒が欲しいときには？

居酒屋で飲んでいるお酒がとてもおいしく、欲しくなってしまった。このお酒を家でも飲みたい！　そう思ったら、お店の人に聞いてしまうのもオススメです。インターネットで検索をしてそのお酒を買うよりも、多くの情報を得られることでしょう。お店の人も仕入れるお酒を自分達で選んでいるわけですから、お酒がおいしいと褒められると悪い気はしません。たいていの場合は教えてくれます。

ただし注意したい点がひとつだけあります。それは、飲食店がお酒を提供する免許と、酒販店がお酒を販売する免許は別のものということです。つまり、おいしいからといって、居酒屋からお酒を分けてもらおうと思っても、その居酒屋が酒の販売の免許を持っていなければ売ることができないのです。コロナ禍では持ち帰り販売がありましたが、あくまで緊急事態時の特例だったのですね。したがって、居酒屋に無理を言って譲ってもらうということはやめましょう。売っているお店を聞いて、そちらで買えばいいのです。

特に旅先でふらっと入ったお店で、おいしいお酒と出会ったら聞いてしまう方が手っ取り早いです。そこで教わった酒屋さんへ行ってみたら、さらに蔵元さんを紹介してもらい……という出会いもあるかもしれませんよ。

十八時間目のまとめ

日本酒の買い方はさまざま。
一番お手軽なのは
インターネット通販

◆

デパートのお酒コーナーは
ハードルが低いし品も充実

◆

コンビニエンスストアで
気軽に買うこともできる。
発泡系がいつでも手に入る

◆

酒屋さんと仲良くなろう。
いろいろと教えてくれることも

◆

居酒屋で飲んだお酒を
聞いてしまうのも手

日本酒はどうやって保存すればいいの？

いよいよ最後の時間になりました。最後にお話しするのは、買ってきた日本酒をどうやって保存すればいいのかについてです。

日本酒は時間が経つとどんどん味が変わっていきます。だからこそ、「熟成酒」というジャンルがありますよね。では、どのように味が変わるのか、そして味が変わらないようにするためにはどうしたらいいのか。見ていくことにしましょう。

「おいしい」と「おいしくない」をいったりきたり

日本酒は簡単にいうと、未開封で保管している間に「おいしい」状態と「おいしくない」状態をいったりきたりすると思ってください。これは十一時間目でも学んだように、香りも含めて日本酒にはおいしいと感じる部分とおいしくないと感じる部分とがあるためです。

おいしい部分が前に出てきているときと、おいしくない部分が前に出てきているときがあるのですね。

日本酒ファンは何となく経験からくる勘で、このお酒はおいしい状態の上り坂にあると思うと「これはもっとおいしくなるに違いない！」と自分で冷蔵庫で熟成させたりします。一部の酒屋さんではあえてすぐに売らずに、お店の冷蔵庫や蔵元さんに頼んで保管し、熟成させることも。もちろん蔵元さんでも、もっとおいしくなると思ったら新酒をすぐに出荷せずに熟成させてから出荷するようにしています。

これはワインなどの長期熟成を前提としているお酒でも同じです。「今が飲み頃」と言っているのは、お酒がおいしい状態の上り坂に入っているときなのですね。多くのお酒は、出荷されるときにだいたい上り坂の頂点にあり、飲み頃だと考えるといいでしょう。

もちろん、おいしい状態の頂点を過ぎ、このままゆっくり下り坂になるというお酒もあります。そういうお酒は、すぐに飲んでしまうか熟成させましょう。面白いことに、一度おいしくない状態に入ったとしても、いいお酒はまた上り坂に入り、おいしくなるのですね。このように「おいしい」と「おいしくない」を繰り返しながら、お酒の熟成は進んでいくのです。

この変化は生酒だとサイクルが速く、火入れ酒だとゆっくりと進みます。また、温度が低いことでもゆっくりと進みます。生酒が要冷蔵なのは、この変化の速度をできるだけゆるやかにしたい（それでも生酒は味が変わっていきます）という理由もあるのです。

では、その飲み頃のお酒を、熟成のことはとりあえず考えずに、なるべく買ってきた味のままに保管するには何が重要なのでしょうか。まずは日本酒の味が変化する要因から学んでいきましょう。

味が変わる要素は？

日本酒の味が変わる要素は、大きく分けると四つあります。

〈1〉空気

一番影響が大きいのは空気に触れることです。特に酸素に触れて、成分が酸化することが大きいと言われています。なので、同じお酒でも封を開けて1日目と2日目では味わいが変わったりもするのです。ここでポイントになるのは、酸化だけではなく香りの成分も大きく影響するということです。一度封を開けると、香りの成分がどうしても抜けていきます。そうすると、少し香りに乏しくなってしまうのです。香りが強く華やかなタイプの日本酒だと、やや落ち着いて飲みやすくもなったりしますが、この辺のバランスはとても難しいと言えるでしょう。

ちなみにワインなどの用品である、空気を抜いて保管する栓は一見優れた器具のように見えますが、空気を抜くときに香りの成分も一緒に抜いてしまうので、避けた方がいいでしょう。同じワインの道具なら、窒素ガスを充塡させるタイプの方がオススメです。

〈2〉振動

振動でもお酒は変化します。これはもう単純に、お酒をひたすら振ったものとそうでないものとを比べると、振った方がお酒にダメージがあるということです。別に炭酸がなくても、お酒は安静にしていた方が変化は少ないというわけですね。

したがって、冷蔵庫に保存するときにはドアポケットに入れることは避けましょう。どうしてもドアの開け閉めをするときに、振動が加わってしまうからです。

〈3〉日光

日光は日本酒を変質させてしまう代表的なものです。紫外線が主な原因ですね。日本酒の瓶に色がついているのは、光を防ぐためなのです。お酒によっては、さらに厳重に光を防ぐために、紫外線を遮断する袋に入れているものもあったりします。

また、酒屋さんによっては紫外線を出さない照明（博物館とかで使われているタイプ）にしているところもあります。保管するときには光の当たらないところがいい、厳重に光を防ぐなら瓶を新聞紙に包んで光をシャットアウトすると覚えておきましょう。

〈4〉温度

そして、温度です。温度が高いとより変化していくので、なるべく低温で保存するにこしたことはありません。十一時間目にも出てきた、メイラード反応が促進されるからです。この反応は温度が高いほど促進されますので、なるべく低い温度で保管しておいた方がいいというわけです。

以上のことから、日本酒の保管には冷蔵庫が優れていると言えます。光が当たらず、温度が低く、お酒があまり変化しません。ただし注意したいのは、家庭用の冷蔵庫の場合、ドアの開け閉めですぐに温度が上がるということです。15秒程度開けるだけで、すぐに温度が1℃上がります。大事なお酒を保存しておく場合には、なるべく温度変化の少ない奥や下の方にしまうようにしましょう。

また、低めの温度にしていても、頻繁に取り出したりして温度変化の回数が多いのもお酒には悪影響だったりします。飲むのに必要な分を注いだら、すぐに冷蔵庫に戻したいところです。

生酒と夏には気をつけよう

基本的に「生酒」のタイプは、「要冷蔵」と書いてあります。これは温度変化に特に弱く、変化してしまうからです。生酒とは書いていない火入れのお酒でも、基本的には冷暗所に保存をするようにしましょう。振動の少ない、光の当たらない、温度変化の少ないところです。要冷蔵とは書かれていなくても、火入れ酒でも4要素の影響はしっかり受けるからです。

したがって、夏場には特に気をつけなければなりません。特に開封して一度空気に触れてしまったお酒は、変化しやすくなっています。火入れのお酒でも、開封後は必ず冷蔵庫に保存することをオススメします。

具体的には、生酒タイプは購入してから、未開封なら冷蔵庫で1~2カ月ぐらいはあまり味が変わらないと思ってください。それ以上だと、味が変わる可能性があります。開封したら、3日ほどで飲みきるようにしましょう。火入れ酒は冷暗所で長期保存が可能ですが、開封したら1週間ほどで飲みきると、大きな味の変化を感じずに済みます。

生酒だろうと火入れのお酒だろうと、日本酒の味わいは時間と共に変化します。いい方向に味が変化したときに「熟成」と呼ばれるようになるのです。なので、本来ならば振動は劣化の原因になるのですが、お酒をわざと超音波などで振動させて熟成を進める技術もあったりします。そこまでやらなくても、ちょっと高いところから勢いよくお酒を器に注いで、空気が入るようにするだけでも味が変わります。香りとかが出て、いわゆるワインのデキャンタ（デキャンタージュ）のような「寝ていたお酒が起きる」状態になるのですね。ちょっと香りが出ていないな、味が硬いなと思ったらやってみてください。

そこまでやらなくても、開けたてのときにはちょっと尖った味と感じられたお酒が、数日保管していたら角がとれて丸くなり、とてもおいしくなったということもあります。こういう変化を楽しめるようになったら、あなたも立派な日本酒ファンです。

十九時間目のまとめ

日本酒は時間が経つと
どんどん味が変化する

◆

良い方向に変化すると「熟成」
だが、劣化してしまうこともある

◆

変化する要因は四つ。
空気、振動、日光、温度

◆

冷蔵庫に保管するのがオススメ。
ただし、ドアポケットは避けよう

◆

生酒と夏には気をつけよう

日本酒って面白いでしょう

十九時間にわたっての受講、おつかれさまでした。ここまでついてこられたあなたは、きっと立派な日本酒ファンになっているに違いありません。

日本酒はとても奥が深く、時には今回の講義で聴いたこと以外の用語やお酒の話と出会うかもしれません。でも大丈夫。恐れることはありません。今までに学んだ知識を使えば、その内容を理解することができるはずです。

さて、最後に、卒業課題を出したいと思います。といっても、身構える必要はありません。課題はずばり「飲んだ日本酒を記録しよう」ということです。

日本酒との出会いは一期一会（いちごいちえ）

おいしい日本酒を飲んだら、後日また飲みたくなりますよね。では、去年飲んでおいしかったものと同じ蔵の同じお酒を毎年買えばいい、となるかもしれませんが、ちょっとだけ注意が必要になります。

日本酒はどうしてもお米という農作物と、発酵という微生物の働きで造られるものなので、年によって差ができたりします。それどころか、同じお米を同じように使ってもなお、タンクが違うと発酵の度合いが異なり味が変わったりもするのです。普段出荷されるお酒はそういった味のブレがないように、複数のタンクの同じお酒をブレンドすることがあるのは、七時間目でもお話ししましたよね。

さらに、定番の銘柄以外は、たまたま今年はこういうお米が手に入った等で造られた、次の年からは造られない、結果として限定酒になってしまうものも多いのです。基本的には日本酒との出会いは一期一会と考えるといいでしょう。したがって、飲んだお酒は何らかの形で記録に残すことをオススメするのです。

重要なのは名前とおいしさ

記録をとるといっても、大げさに考える必要はありません。誰かに発表するようなものではなく、自分用のメモにするのです。「口に含むと上質の絹のようななめらかさを舌に感じ、香りはまるで天上のフルーツのよう。口の中で転がすと……」のような表現はいりません。大事なのは2点。「お酒の名前」と「おいしかったか」です。

これまでに学んできたように、日本酒の名前は多くの情報を含んでいます。それこそ「生酛純米無濾過生原酒6BY」という名前があったら、どんなお酒か後から見返しても、何となくわかりますよね。

ここに、おいしかったかどうかもできれば情報として加えましょう。そうすることで、おいしかったと書かれているお酒を並べることで、自分の好みの傾向を把握できるようになります。たとえば、「生原酒」が多かったら、自分は生酒で原酒が好きなんだなとわかります。そうしたら、次に生原酒系でどんな傾向が好きかな……と探ることができるのです。このためにも、ときどき記録を見返すようにするといいですね。

なお、記録をとると、酒量を把握することにもつながります。自分では3杯ぐらいしか飲んでいないと思っていたのに、記録をみると5種類のお酒がある……というときには、間違いなく5杯飲んでいるというわけですよね。万が一飲み過ぎたときには、それを自覚するためにも、記録はなるべくとるようにしましょう。

簡単なのは写真を撮る

そうはいっても、なかなかメモをするのは難しいですよね。一番簡単に記録する方法はラベルを写真に撮ることです。これなら多少酔っ払っていても、何とかなります。後から写真を見て、これはおいしかった、これは口に合わなかったと分類すればいいのです。もちろん居酒屋やイベントで写真を撮るときには、お店の人に一声かけてからにしましょう。お店によっては、写真を撮る用に、お酒の瓶を少しの間テーブルに置いてくれたりもします。ただし、これは裏ラベルの情報を見たり、写真を撮ったりする用に置いてくれているものなので、べたべた触ったり振ったりしてはいけません。扱いには注意しましょう。さらに、店内では他のお客様の迷惑になりますのでフラッシュは厳禁です。

こうして飲んだお酒の記録をまとめていくことで、自分用の優れた資料になります。何となく傾向がつかめてきたら、好みのお酒を探しに街へ出ましょう！

さて、これで白熱日本酒教室はおしまいです。長々とおつきあいいただき、ありがとうございました！　皆様のお酒選びのお手伝いができましたら、何よりもうれしいです。

それでは楽しい日本酒ライフを！

増補改訂版あとがき

今の日本酒は面白い！　これはもう間違いありません。ここ10年を見ても、多彩なお酒が登場し、よりおいしく、そして斬新に進化した姿を見せてくれています。ただ、あまりにも懐が深すぎるため、種類がありすぎて何を飲んだらいいのかわからないのも事実です。本書はそんな人のために、自分好みの日本酒を探すためにはどうしたらいいか、何を知っていたら居酒屋のメニューの中から飲みたいお酒を選べるようになるかを重点に置いて書きました。いかがだったでしょうか。

人の好みは千差万別です。このお酒がおいしいよ！　と言われても、すべての人がそのお酒を好きになるとは限りません。そこで、本書ではなるべく個々の日本酒の紹介をするのではなく、日本酒全般の基礎知識と、あまり他では紹介されていないような悪酔いしない方法など、飲むときにどういう知識を持っていたらお酒を楽しんでいけるかを意識して書きました。その分、どのような日本酒を目の前にしても何となくどんなお酒かわかるようになる、日本酒の基礎教科書のような本に仕上がったと自負しております。

もちろん日本酒の世界はもっともっと複雑ですし、例外も多いので、時にはこの本に載っていないタイプのお酒と出会うこともあるでしょう。ですが、本書で得た知識があれば、どんなお酒なのか、ラベルに記載されている説明を理解することはできると思います。

本書はまえがきにも書いたように、2014年に発行した『白熱日本酒教室』の増補改訂版です。2014年時点の知識から、さらにさまざまな経験を経て、知識を増やした上で書き進めました。特に、2018~19年に発行した『白熱日本酒教室』漫画版を書いた際の経験や反響が、大いに参考になっております。お世話になった方々は数多く、感謝の念に堪えません。特にさまざまなお話を聞かせてくれた酒造会社の方々、酒販店の方々、飲食店の方々、そして日本酒ファンの皆様に、初版や漫画版を読んで感想をくださった皆様がいなければ本書は完成しなかったでしょう。さらに、この本の制作に直接携わっていただいた皆様や、本書を手に取っていただいた皆様にもこの場を借りて御礼を申し上げます。イベントなどでお会いした際には一緒に日本酒を飲みましょう。

皆様が素敵な日本酒と出会えることを祈って、今日も日本酒を飲みたいと思います。

令和6年7月　「むむ先生」こと杉村啓

星海社新書
309

白熱日本酒教室 増補改訂版

二〇二四年 九 月二四日 第 一 刷発行

著者 杉村啓
©Kei Sugimura 2024

発行者 太田克史
編集担当 岡村邦寛

発行所 株式会社星海社
〒一一二-〇〇一三
東京都文京区音羽一-一七-一四 音羽YKビル四階
電話 〇三-六九〇二-一七三〇
FAX 〇三-六九〇二-一七三一
https://www.seikaisha.co.jp

発売元 株式会社講談社
〒一一二-八〇〇一
東京都文京区音羽二-一二-二一
(販売) 〇三-五三九五-五八一七
(業務) 〇三-五三九五-三六一五

印刷所 TOPPAN株式会社
製本所 株式会社国宝社

アートディレクター 吉岡秀典(セプテンバーカウボーイ)
デザイナー 五十嵐ユミ
フォントディレクター 紺野慎一
漫画 アザミユウコ
校閲 鷗来堂

ISBN978-4-06-537089-6
Printed in Japan

309
SEIKAISHA SHINSHO

74

白熱洋酒教室

杉村啓　絵　アザミユウコ

読めば洋酒が好きになる！　洋酒入門の決定版！

洋酒って、度数も高いし、難しくてとっつきにくい……。もしかして、そんな風に思ってはいませんか？　洋酒は、日本と風土や食文化の異なる土地で生まれたお酒です。だから、日本に生まれ育った私たちが、最初は苦手に思うのも当然なのです。けれど、本書で紹介するウイスキー、ラム、そしてブランデーは、いずれも世界中で楽しまれているお酒です。つまり、楽しみ方さえ分かれば、誰でも洋酒がおいしく飲めるようになるのです。じっくりと飲めば飲むほどおいしさが分かるようになり、歴史も含めた奥深さの虜になってしまうこと請け合いです。さあ、人生を変える一杯に出会うために、奥深く美味しい洋酒の世界をのぞいてみましょう！

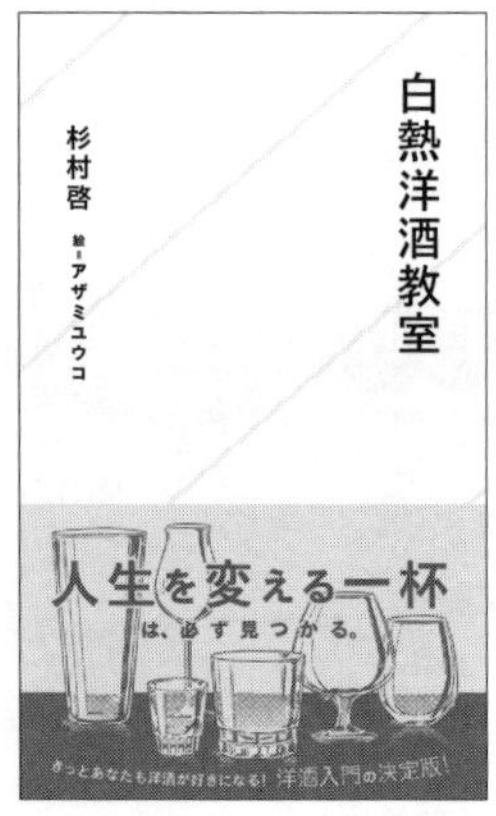

87

白熱ビール教室

杉村啓　絵　アザミユウコ

まさに黄金期、ビールを飲まないのはもったいない!!

いま、日本のビールは黄金期を迎えつつあります。次々と新たなクラフトビールが登場し、味の多彩さと高いクオリティで世界を驚かせています。また、大手メーカーのビールも海外の名だたる賞を受賞し、更に個性的な新商品を次々とリリースしています。「とりあえずビール」でよく飲まれる黄金色のビールだけがビールではないのです。今や、毎月のようにビールイベントが開催されたり、コンビニでもクラフトビールを手軽に購入できたりと、これまでになく多彩で美味しいビールを手軽に味わえる環境が整っているのです。この流れに乗らないのは非常にもったいない！　本書を片手に、めくるめくビールの世界へと飛び込みましょう！

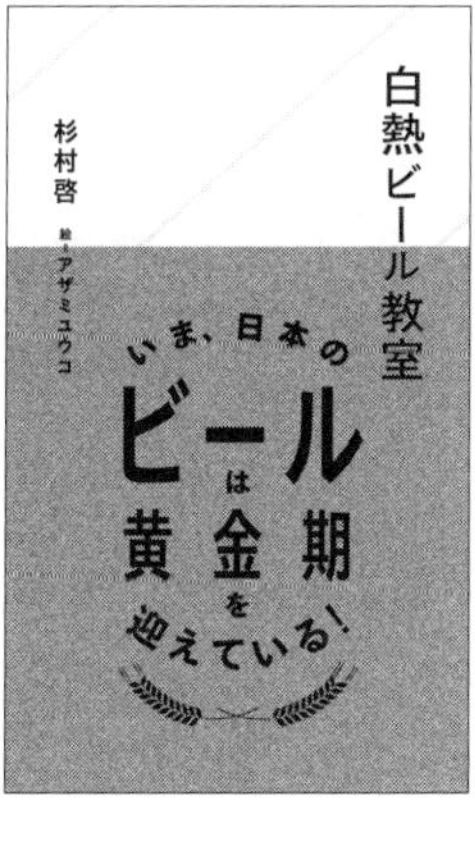

白熱ビール教室
杉村啓　絵・アザミユウコ
いま、日本のビールは黄金期を迎えている！

113

グルメ漫画50年史

杉村啓

主要作品総まくり！　グルメ漫画の半世紀を味わいつくす！

月間数十点に及ぶ単行本が刊行され、メディアミックスも相次ぐなど、隆盛を誇るグルメ漫画。では、グルメ漫画はいつ生まれたのでしょう？　調べてみると、その誕生は１９７０年であるとわかりました。また、約五〇年間で七〇〇作品以上が発表されていました。本書はその中から、特に重要な一五〇作品に着目し、グルメ漫画がどのようにして生みだされ、いかなる発展をしてきたか解き明かしていきます。「あの有名作品はどこが画期的だったのか？」「私たちは、なぜグルメ漫画を面白いと思うのか？」――そういった疑問を、半世紀を旅しながら解き明かしていきましょう。ようこそ、もっと美味しく読むための〝グルメ漫画史〟の世界へ！

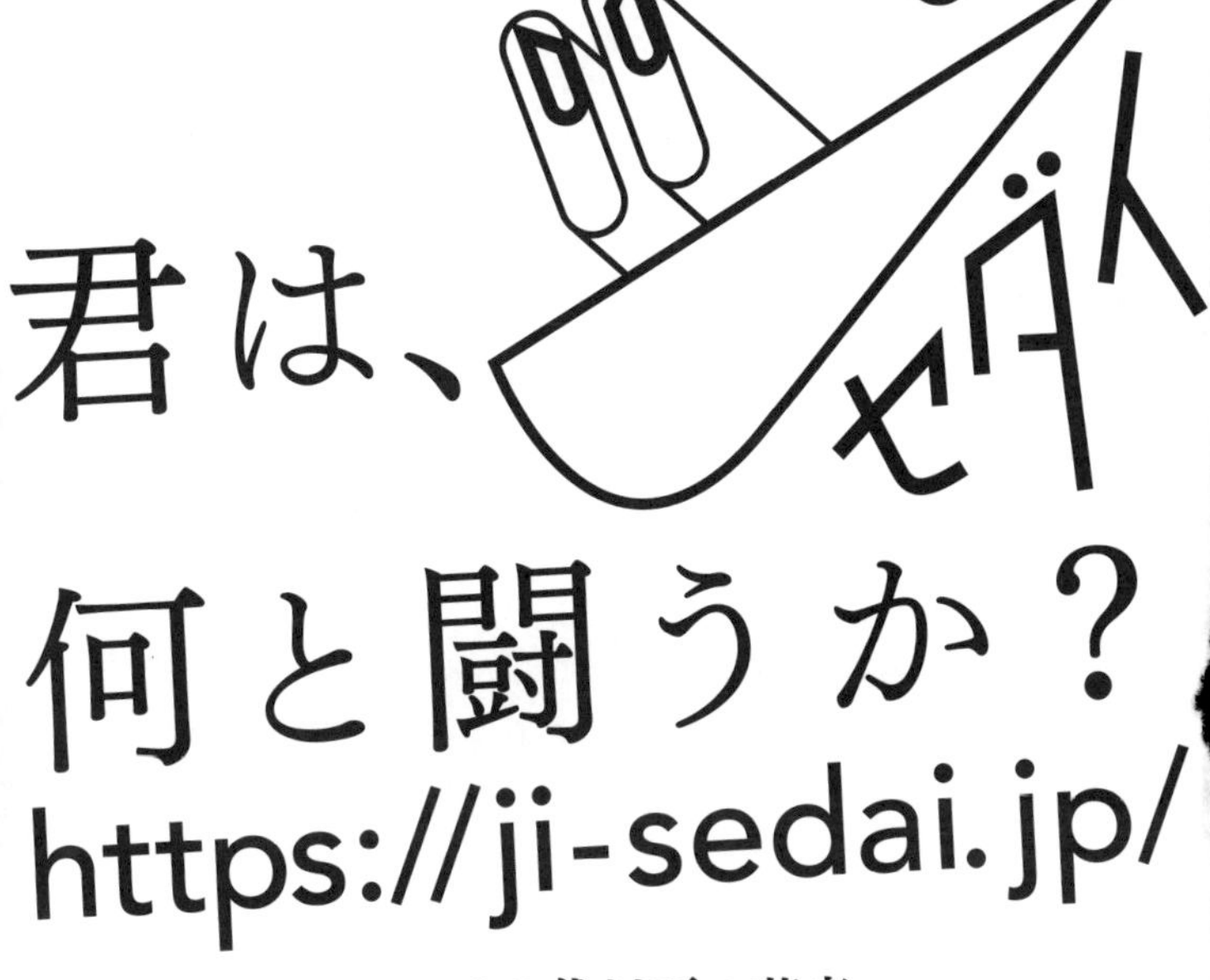
君は、
ジセダイ
何と闘うか？
https://ji-sedai.jp/

次世代による次世代のための

武器としての教養
星海社新書

星海社新書は、困難な時代にあっても前向きに自分の人生を切り開いていこうとする次世代の人間に向けて、ここに創刊いたします。本の力を思いきり信じて、**みなさんと一緒に新しい時代の新しい価値観を創っていきたい。若い力で、世界を変えていきたいのです。**

本には、その力があります。読者であるあなたが、そこから何かを読み取り、それを自らの血肉にすることができれば、一冊の本の存在によって、あなたの人生は一瞬にして変わってしまうでしょう。**思考が変われば行動が変わり、行動が変われば生き方が変わります。**著者をはじめ、本作りに関わる多くの人の想いがそのまま形となった、文化的遺伝子としての本には、大げさではなく、それだけの力が宿っていると思うのです。

沈下していく地盤の上で、他のみんなと一緒に身動きが取れないまま、大きな穴へと落ちていくのか？　それとも、重力に逆らって立ち上がり、前を向いて最前線で戦っていくことを選ぶのか？

星海社新書の目的は、**戦うことを選んだ次世代の仲間たちに「武器としての教養」をくばることです。**知的好奇心を満たすだけでなく、自らの力で未来を切り開いていくための〝武器〟としても使える知のかたちを、シリーズとしてまとめていきたいと思います。

2011年9月

星海社新書初代編集長　柿内芳文